U0173864

人工智能与大数据应用研究

冯明卿　著

哈尔滨出版社
HARBIN PUBLISHING HOUSE

图书在版编目（CIP）数据

人工智能与大数据应用研究 / 冯明卿著． -- 哈尔滨：
哈尔滨出版社，2023.4
ISBN 978-7-5484-7183-7

Ⅰ．①人… Ⅱ．①冯… Ⅲ．①人工智能－研究②数据
处理－研究 Ⅳ．① TP18 ② TP274

中国国家版本馆 CIP 数据核字（2023）第 066929 号

书　　名：**人工智能与大数据应用研究**
RENGONG ZHINENG YU DASHUJU YINGYONG YANJIU

作　　者：冯明卿　著
责任编辑：张艳鑫
封面设计：张　华
出版发行：哈尔滨出版社（Harbin Publishing House）
社　　址：哈尔滨市香坊区泰山路 82-9 号　邮编：150090
经　　销：全国新华书店
印　　刷：廊坊市广阳区九洲印刷厂
网　　址：www.hrbcbs.com
E－mail：hrbcbs@yeah.net
编辑版权热线：（0451）87900271　87900272
开　　本：787mm×1092mm　1/16　印张：10.25　字数：220 千字
版　　次：2023 年 4 月第 1 版
印　　次：2023 年 4 月第 1 次印刷
书　　号：ISBN 978-7-5484-7183-7
定　　价：76.00 元
凡购本社图书发现印装错误，请与本社印制部联系调换。
服务热线：（0451）87900279

前　言

　　社会信息化水平的快速发展让计算机学科知识相关的内容更加与时俱进并衍生出了大数据和人工智能两个领域。具体来看，人工智能的理论和方法本身为大数据提供了关键的支持和保障，而另一方面大数据也给人工智能的研究分析工作提供了辅助手段。人工智能将成为未来社会的主流发展趋势，人工智能背景下的大数据技术应用也将在多个领域发挥系统化功能。

　　从大数据和人工智能的关系来看，大数据在使用之前需要进行清理和集成，然后再对原始的数据展开输入和统计，而人工智能则涉及了数据输出的有关内容。不过两者之间本身可以进行协同化工作，原因在于人工智能的发展本身需要通过数据来实现，特别是涉及机器学习的相关内容。例如机器学习中的图像识别程序可以在短时间内对规模庞大的图像进行分析，以便从中筛选出需要的内容。从这一角度来看，人工智能应用程序之内具有的数据内容越多，结果就越准确，且人工智能技术将被广泛应用至辅助系统等多个领域当中，众多的企业、领域也能实现新时期的"百花齐放"。

　　在大数据的支持下，我们可以实现对信息处理的高效化，并完成智能化分析，让结果和人们的需求呈现出更高的匹配程度。更重要的一点在于大数据技术在数据处理的准确程度上是传统手段无法比拟的，因为传统的数据无法很有效地通过手机模式对人们的生活习惯、行为趋势等信息进行总结，最终获取的数据内容也存在失真现象。但大数据处理方法下的呈现结果会更加准确，从而实现人工智能发展的准确性。

　　为了提升本书的学术性与严谨性，在撰写过程中，笔者参阅了大量的文献资料，引用了诸多专家学者的研究成果，因篇幅有限，不能一一列举，在此一并表示最诚挚的感谢。由于时间仓促，加之笔者水平有限，在撰写过程中难免出现不足的地方，希望各位读者不吝赐教，提出宝贵的意见，以便笔者在今后的学习中加以改进。

目录

第一章 人工智能综述

第一节 人工智能的发展历史与概念

一、人工智能的起源与历史

人工智能始于 20 世纪 50 年代，至今大致分为三个发展阶段：第一阶段为 20 世纪 50—80 年代。这一阶段人工智能刚诞生，基于抽象数学推理的可编程数字计算机已经出现，符号主义（Symbolism）快速发展，但由于很多事物不能形式化表达，建立的模型存在一定的局限性。此外，随着计算任务的复杂性不断加大，人工智能发展一度遇到瓶颈。第二阶段为 20 世纪 80—90 年代末。在这一阶段，专家系统得到快速发展，数学模型有重大突破，但由于专家系统在知识获取、推理能力等方面的不足以及开发成本高等原因，人工智能的发展又一次进入低谷期。第三阶段为 21 世纪初至今。随着大数据的积聚、理论算法的革新、计算能力的提升，人工智能在很多应用领域取得了突破性进展，迎来了又一个繁荣时期。

长期以来，制造具有智能的机器一直是人类的梦想。早在 1950 年，图灵（Alan Turing）在《计算机与智能》中就阐述了对人工智能的思考。他提出的图灵测试是机器智能的重要测量手段，后来还衍生出了视觉图灵测试等测量方法。1956 年，"人工智能"这个词首次出现在达特茅斯会议上，标志着其作为一个研究领域的正式诞生。人工智能发展潮起潮落的同时，基本思想可大致划分为四个流派：符号主义（Symbolism）、连接主义（Connectionism）、行为主义（Behaviourism）和统计主义（Statisticsism）。这四个流派从不同侧面抓住了智能的部分特征，在"制造"人工智能方面都取得了里程碑式的成就。

1959 年，塞缪尔（Arthur Samuel）提出了机器学习的概念，机器学习将传统的制造智能演化为通过学习能力来获取智能，推动人工智能进入了第一次繁荣期。20 世纪 70 年代末期专家系统的出现实现了人工智能从理论研究走向实际应用、从一般思维规律探索走向专门知识应用的重大突破，将人工智能的研究推向了新高潮。然而，机器学习的模型仍然是"人工"的，也有很大的局限性。随着专家系统应用的不断深入，专家系统本身存在的知识获取难、知识领域窄、推理能力弱、实用性差等问题逐步暴露。从 1976 年开始，人工智能的研究进入长达 6 年的萧瑟期。

20 世纪 80 年代中期，随着美国、日本立项支持人工智能研究，以及以知识工程为主导的机器学习方法的发展，出现了具有更强可视化效果的决策树模型和突破早期感知机局限的多层人工神经网络，由此带来了人工智能的又一次繁荣期。然而，当时的计算机难以模拟复杂度高及规模大的神经网络，仍有一定的局限性。1987 年由于 LISP 机市场崩塌，美国取消了人工智能预算，日本第五代计算机项目失败并退出市场，专家系统进展缓慢，人工智能又进入了萧瑟期。

1997 年，IBM 深蓝（Deep Blue）战胜国际象棋世界冠军加里·卡斯帕罗夫（Garry Kasparov）。这是一次具有里程碑意义的成功，它代表了基于规则的人工智能的胜利。2006 年，在辛顿（Hinton）和他的学生的推动下，深度学习开始备受关注，为后来人工智能的发展带来了重大影响。从 2010 年开始，人工智能进入爆发式的发展阶段，其最主要的驱动力是大数据时代的到来，运算能力及机器学习算法得到提高。人工智能快速发展，产业界也开始不断涌现出新的研发成果：2011 年，美国国际商用机器公司在综艺节目《危险边缘》中战胜了最高奖金得主和连胜纪录保持者；2012 年，谷歌大脑通过模仿人类大脑在没有人类指导的情况下，利用非监督深度学习方法从大量视频中成功学习到识别出一只猫的能力；2014 年，微软公司推出了一款实时口译系统，可以模仿说话者的声音并保留其口音；2014 年，微软公司发布全球第一款个人智能助理微软小娜；2014 年，亚马逊发布远今为止最成功的智能音响和个人助手产品；2016 年，谷歌阿尔法围棋机器人在围棋比赛中击败了世界冠军李世石；2017 年，苹果公司在原来个人助理 Siri 的基础上推出了智能私人助理 Siri 和智能音响 HomePod。

目前，世界各国都非常重视人工智能的发展。2017 年 6 月 29 日，首届世界智能大会在天津召开。中国工程院院士潘云鹤在大会主论坛作了题为《中国新一代人工智能》的主题演讲，报告中概括了世界各国在人工智能研究方面的战略；2016 年 5 月，美国白宫发表了《为人工智能的未来做好准备》；英国在 2016 年 12 月发布了《人工智能：未来决策制定的机遇和影响》；法国在 2017 年 4 月制定了《国家人工智能战略》；德国在 2017 年 5 月颁布了全国第一部自动驾驶的法律；在中国，据不完全统计，2017 年运营的人工智能公司接近 400 家，行业巨头百度、腾讯等都不断在人工智能领域发力。从数量、投资等角度来看，自然语言处理、机器人、计算机视觉成为人工智能最为热门的三个产业方向。

二、人工智能的概念

人工智能作为一门前沿交叉学科，其定义一直有不同的观点。《人工智能——种现代方法》中将已有的一些人工智能定义分为四类：像人一样思考的系统、像人一样行动的系统、理性地思考的系统、理性地行动的系统。维基百科上定义"人工智能就是机器展现出的智能"，即只要是某种机器，具有某种或某些"智能"的特征或表现，都应该算作"人工智能"。《不列颠百科全书》则限定人工智能是数字计算机或者数字计算机控制的机器人在执行智能生物体才有的一些任务上的能力。百度百科定义人工智能是"研究、开发用于模拟、延伸和扩展人的智能的理论、方法、技术及应用系统的一门新的技术科学"，将其视为计算机科学的一个分支，指出其研究包括机器人、语言识别、图像识别、自然语言处理和专家系统等。

人工智能的定义对人工智能学科的基本思想和内容做出了解释，即围绕智能活动而构造的人工系统。人工智能是知识的工程，是机器模仿人类利用知识完成一定行为的过程。根据人工智能是否能真正实现推理、思考和解决问题，可以将人工智能分为弱人工智能和强人工智能

弱人工智能是指不能真正实现推理和解决问题的智能机器，这些机器表面看像是智能的，但是并不真正拥有智能，也不会有自主意识。迄今为止的人工智能系统都还是实现特定功能的专用智能，而不是像人类智能那样能够不断适应复杂的新环境并不断涌现出新的功能，因此都还是弱人工智能。目前的主流研究仍然集中于弱人工智能，并取得了显著进步，如语音识别、图像处理和物体分割、机器翻译等方面取得了重大突破，甚至可以接近或超越人类水平。

强人工智能是指真正能思维的智能机器，并且认为这样的机器是有知觉和自我意识的，这类机器可分为类人（机器的思考和推理类似人的思维）与非类人（机器产生了和人完全不一样的知觉和意识，使用和人完全不一样的推理方式）两大类。从一般意义来说，达到人类水平的、能够自适应地应对外界环境挑战的、具有自我意识的人工智能称为"通用人工智能""强人工智能"或"类人智能"。强人工智能不仅在哲学上存在巨大争论（涉及思维与意识等根本问题的讨论），在技术上的研究也具有极大的挑战性。强人工智能当前鲜有进展，美国私营部门的专家及国家科技委员会比较支持的观点是，至少在未来几十年内难以实现。

靠符号主义、连接主义、行为主义和统计主义这四个流派的经典路线就能设计制造出强人工智能吗？其中一个主流看法是：即使有更高性能的计算平台和更大规模的大数据助力，也还只是量变，不是质变，人类对自身智能的认识还处在初级阶段，在人类真正理解智能机理之前，不可能制造出强人工智能。理解大脑产生智能的机理是

脑科学的终极性问题，绝大多数脑科学专家都认为这是一个数百年乃至数千年甚至永远都解决不了的问题。

通向强人工智能还有一条"新"路线，这里称为"仿真主义"。这条新路线通过制造先进的大脑探测工具从结构上解析大脑，再利用工程技术手段构造出模仿大脑神经网络基元及结构的仿脑装置，最后通过环境刺激和交互训练仿真大脑实现类人智能，简言之，"先结构，后功能"。虽然这项工程也十分困难，但都是有可能在数十年内解决的工程技术问题，而不像"理解大脑"这个科学问题那样遥不可及。

仿真主义可以说是符号主义、连接主义、行为主义和统计主义之后的第五个流派，和前四个流派有着千丝万缕的联系，也是前四个流派通向强人工智能的关键一环。经典计算机是数理逻辑的开关电路实现，采用冯·诺依曼体系结构，可以作为逻辑推理等专用智能的实现载体。但要靠经典计算机不可能实现强人工智能。要按仿真主义的路线"仿脑"，就必须设计制造全新的软硬件系统，这就是"类脑计算机"，或者更准确地称为"仿脑机"。"仿脑机"是"仿真工程"的标志性成果，也是"仿脑工程"通向强人工智能之路的重要里程碑。

三、人工智能的特征

（1）由人类设计，为人类服务，本质为计算，基础为数据。从根本上说，人工智能系统必须以人为本，这些系统是人类设计出的机器，按照人类设定的程序逻辑或软件算法通过人类发明的芯片等硬件载体来运行或工作，其本质体现为计算，通过对数据的采集、加工、处理、分析和挖掘，形成有价值的信息流和知识模型，来为人类提供延伸人类能力的服务，来实现对人类期望的一些"智能行为"的模拟，在理想情况下必须体现服务人类的特点，而不应该伤害人类，特别是不应该有目的性地做出伤害人类的行为。

（2）能感知环境，能产生反应，能与人交互，能与人互补。人工智能系统应能借助传感器等器件产生对外界环境（包括人类）进行感知的能力，可以像人一样通过听觉、视觉、嗅觉、触觉等接收来自环境的各种信息，对外界输入产生文字、语音、表情、动作（控制执行机构）等必要的反应，甚至影响到环境或人类。借助于按钮、键盘、鼠标、屏幕、手势、体态、表情、力反馈、虚拟现实/增强现实等方式，人与机器间可以产生互动，使机器设备越来越"理解"人类乃至与人类共同协作、优势互补。这样，人工智能系统能够帮助人类做人类不擅长、不喜欢但机器能够完成的工作，而人类则适合于去做更需要创造性、洞察力、想象力、灵活性、多变性乃至用心领悟或需要感情的一些工作。

（3）有适应特性，有学习能力，有演化迭代，有连接扩展。人工智能系统在理想情况下应具有一定的自适应特性和学习能力，即具有一定的随环境、数据或任务变化而自适应调节参数或更新优化模型的能力；并且，能够在此基础上通过与云、端、人、物越来越广泛、深入的数字化连接扩展，实现机器客体乃至人类主体的演化迭代，以使系统具有适应性、稳健性、灵活性、扩展性，来应对不断变化的现实环境，从而使人工智能系统在各行各业产生丰富的应用。

以下重点介绍近 20 年来人工智能领域关键技术的发展状况，包括机器学习、知识图谱、自然语言处理、人机交互、计算机视觉、生物特征识别、虚拟现实 / 增强现实等关键技术。

第二节　人工智能的关键技术

一、机器学习

机器学习（Machine Learning）是一门涉及统计学、系统辨识、逼近理论、神经网络、优化理论、计算机科学、脑科学等诸多领域的交叉学科，研究计算机怎样模拟或实现人类的学习行为，以获取新的知识或技能，重新组织已有的知识结构使之不断改善自身的性能，是人工智能技术的核心。基于数据的机器学习是现代智能技术中的重要方法之一，研究从观测数据（样本）出发寻找规律，利用这些规律对未来数据或无法观测的数据进行预测。根据学习模式、学习方法以及算法的不同，机器学习存在不同的分类方法。

（1）根据学习模式将机器学习分为监督学习、无监督学习和强化学习等。

（2）根据学习方法将机器学习分为传统机器学习和深度学习。

（3）机器学习的常见算法还包括迁移学习、主动学习和演化式学习。

二、知识图谱

知识图谱本质上是结构化的语义知识库，是一种由节点和边组成的图数据结构，以符号形式描述物理世界中的概念及其相互关系，其基本组成单位是"实体—关系—实体"三元组，以及实体及其相关"属性—值"对。不同实体之间通过关系相互连接，构成网状的知识结构。在知识图谱中，每个节点表示现实世界的"实体"，每条边为实体与实体之间的"关系"。通俗地讲，知识图谱就是把所有不同种类的信息连接在一起而得到的一个关系网络，提供了从"关系"的角度去分析问题的能力。

知识图谱可用于反欺诈、不一致性验证、反组团欺诈等公共安全保障领域，需要用到异常分析、静态分析、动态分析等数据挖掘方法。特别地，知识图谱在搜索引擎、可视化展示和精准营销方面有很大的优势，已成为业界的热门工具。但是，知识图谱的发展还面临很大的挑战，如数据的噪声问题，即数据本身有错误或者数据存在冗余。随着知识图谱应用的不断深入，还有一系列关键技术需要突破。

三、自然语言处理

自然语言处理是计算机科学领域与人工智能领域的一个重要方向，研究能实现人与计算机之间用自然语言进行有效通信的各种理论和方法，涉及的领域较多，主要包括机器翻译、语义理解和问答系统等。

（一）机器翻译

机器翻译技术是指利用计算机技术实现从一种自然语言到另一种自然语言的翻译过程。基于统计的机器翻译方法突破了之前基于规则和实例的翻译方法的局限性，翻译性能取得巨大提升。基于深度神经网络的机器翻译在日常口语等一些场景的成功应用已经显现出了巨大的潜力。随着上下文的语境表征和知识逻辑推理能力的发展，自然语言知识图谱不断扩充，机器翻译将会在多轮对话翻译及篇章翻译等领域取得更大进展。

目前非限定领域机器翻译中性能较佳的一种是统计机器翻译，包括训练及解码两个阶段。训练阶段的目标是获得模型参数，解码阶段的目标是利用所估计的参数和给定的优化目标，获取待翻译语句的最佳翻译结果。统计机器翻译主要包括语料预处理、词对齐、短语抽取、短语概率计算、最大熵调序等步骤。基于神经网络的端到端翻译方法不需要针对双语句子专门设计特征模型，而是直接把源语言句子的词串送入神经网络模型，经过神经网络的运算，得到目标语言句子的翻译结果。在基于端到端的机器翻译系统中，通常采用递归神经网络或卷积神经网络对句子进行表征建模，从海量训练数据中抽取语义信息，与基于短语的统计翻译相比，其翻译结果更加流畅自然，在实际应用中取得了较好的效果。

（二）语义理解

语义理解技术是指利用计算机技术实现对文本篇章的理解，并且回答与篇章相关问题的过程。语义理解更注重于对上下文的理解以及对答案精准程度的把控。随着MC Test数据集的发布，语义理解受到更多关注，取得了快速发展，相关数据集和对应的神经网络模型层出不穷。语义理解技术将在智能客服、产品自动问答等相关领域发挥重要作用，进一步提高问答与对话系统的精度。

在数据采集方面，语义理解通过自动构造数据方法和自动构造填充型问题的方法来有效扩充数据资源。为了解决填充型问题，一些基于深度学习的方法被相继提出，如基于注意力的神经网络方法。当前主流的模型是利用神经网络技术对篇章、问题建模，对答案的开始和终止位置进行预测，抽取出篇章片段。对于进一步泛化的答案，处理难度进一步提升，目前的语义理解技术仍有较大的提升空间。

（三）问答系统

问答系统分为开放领域的对话系统和特定领域的问答系统。问答系统技术是指让计算机像人类一样用自然语言与人交流的技术。人们可以向问答系统提交用自然语言表达的问题，系统会返回关联性较高的答案。尽管问答系统目前已经有不少应用产品出现，但大多是在实际信息服务系统和智能手机助手等领域中的应用，在问答系统稳健性方面仍然存在着问题和挑战。

自然语言处理面临四大挑战：一是在词法、句法、语义、语用和语音等不同层面存在不确定性；二是新的词汇、术语、语义和语法导致未知语言现象的不可预测性；三是数据资源的不充分使其难以覆盖复杂的语言现象；四是语义知识的模糊性和错综复杂的关联性难以用简单的数学模型描述，语义计算需要参数庞大的非线性计算。

四、人机交互

人机交互主要研究人和计算机之间的信息交换，主要包括人到计算机和计算机到人的两部分信息交换，是人工智能领域的重要的外围技术。人机交互是与认知心理学、人机工程学、多媒体技术、虚拟现实技术等密切相关的综合学科。传统的人与计算机之间的信息交换主要依靠交互设备进行，包括键盘、鼠标、操纵杆、数据服装、眼动跟踪器、位置跟踪器、数据手套、压力笔等输入设备，以及打印机、绘图仪、显示器、头盔式显示器、音箱等输出设备。人机交互技术除了传统的基本交互和图形交互外，还包括语音交互、情感交互、体感交互及脑机交互等技术，以下对后四种与人工智能关系密切的典型交互手段进行介绍。

（一）语音交互

语音交互是一种高效的交互方式，是人以自然语音或机器合成语音同计算机进行交互的综合性技术，结合了语言学、心理学、工程和计算机技术等领域的知识。语音交互不仅要对语音识别和语音合成进行研究，还要对人在语音通道下的交互机理、行为方式等进行研究。语音交互过程包括四部分：语音采集、语音识别、语义理解和语音合成。语音采集完成音频的录入、采样及编码；语音识别完成语音信息到机器可识别的文本信息的转化；语义理解根据语音识别转换后的文本字符或命令完成相应的操作；语音合成完成文本信息到声音信息的转换。作为人类沟通和获取信息最自然便捷的手段，语音交互比其他交互方式具备更多优势，能为人机交互带来根本性变革，是大数据和认知计算时代未来发展的制高点，具有广阔的发展前景和应用前景。

（二）情感交互

情感是一种高层次的信息传递，而情感交互是一种交互状态，它在表达功能和信息时传递情感，勾起人们的记忆或内心的情感。传统的人机交互无法理解和适应人的情绪或心境，缺乏情感理解和表达能力，计算机难以具有类似人一样的智能，也难以通过人机交互做到真正的和谐与自然。情感交互就是要赋予计算机类似于人一样的观察、理解和生成各种情感的能力，最终使计算机像人一样能进行自然、亲切和生动的交互。情感交互已经成为人工智能领域的热点方向，旨在让人机交互变得更加自然。目前，在情感交互信息的处理方式、情感描述方式、情感数据获取和处理过程、情感表达方式等方面还面临诸多技术挑战。

（三）体感交互

体感交互是个体不需要借助任何复杂的控制系统，以体感技术为基础，直接通过肢体动作与周边数字设备装置和环境进行自然的交互。依照体感方式与原理的不同，体感技术主要分为三类：惯性感测、光学感测以及光学联合感测。体感交互通常由运动追踪、手势识别、运动捕捉、面部表情识别等一系列技术支撑。与其他交互手段相比，体感交互技术无论是硬件还是软件方面都有了较大的提升，交互设备向小型化、便携化、使用方便化等方面发展，大大降低了对用户的约束，使交互过程更加自然。目前，体感交互在游戏娱乐、医疗辅助与康复、全自动三维建模、辅助购物、眼动仪等领域有了较为广泛的应用。

（四）脑机交互

脑机交互又称为脑机接口，指不依赖于外围神经和肌肉等神经通道，直接实现大脑与外界信息传递的通路。脑机接口系统检测中枢神经系统活动，并将其转化为人工输出指令，能够替代、修复、增强、补充或者改善中枢神经系统的正常输出，从而改变中枢神经系统与内外环境之间的交互作用。脑机交互通过对神经信号解码，实现脑信号到机器指令的转化，一般包括信号采集、特征提取和命令输出三个模块。从脑电信号采集的角度，一般将脑机接口分为侵入式和非侵入式两大类。除此之外，脑机接口还有其他常见的分类方式：按照信号传输方向可以分为脑到机、机到脑和脑机双向接口；按照信号生成的类型，可分为自发式脑机接口和诱发式脑机接口；按照信号源的不同还可分为基于脑电的脑机接口、基于功能性核磁共振的脑机接口以及基于近红外光谱分析的脑机接口。

五、计算机视觉

计算机视觉是使用计算机模仿人类视觉系统的科学，让计算机拥有类似人类提取、处理、理解和分析图像以及图像序列的能力。自动驾驶、机器人、智能医疗等领域均需要通过计算机视觉技术从视觉信号中提取并处理信息。近来随着深度学习的发展，预处理、特征提取与算法处理渐渐融合，形成端到端的人工智能算法技术。根据解决的问题，计算机视觉可分为计算成像学、图像理解、三维视觉、动态视觉和视频编解码五大类。

（一）计算成像学

计算成像学是探索人眼结构、相机成像原理以及延伸应用的科学。在相机成像原理方面，计算成像学不断促进现有可见光相机的完善，使现代相机更加轻便，可以适用于不同场景。同时计算成像学也推动着新型相机的产生，使相机超出可见光的限制。在相机应用科学方面，计算成像学可以提升相机的能力，从而通过后续的算法处理使在受限条件下拍摄的图像更加完善，例如图像去噪、去模糊、暗光增强、去雾霾等，以及实现新的功能，例如全景图、软件虚化、超分辨率等。

（二）图像理解

图像理解是通过用计算机系统解释图像，实现类似人类视觉系统理解外部世界的一门科学。通常根据理解信息的抽象程度可分为三个层次：浅层理解，包括图像边缘图像特征点、纹理元素等；中层理解，包括物体边界、区域与平面等；高层理解，根据需要抽取的高层语义信息，可大致分为识别、检测、分割、姿态估计、图像文字说明等。目前高层图像理解算法已逐渐广泛应用于人工智能系统，如刷脸支付、智慧安防、图像搜索等。

（三）三维视觉

三维视觉即研究如何通过视觉获取三维信息（三维重建）以及如何理解所获取的三维信息的科学。三维重建可以根据重建的信息来源，分为单目图像重建、多目图像重建和深度图像重建等。三维信息理解即使用三维信息辅助图像理解或者直接理解三维信息。三维信息理解可分为浅层（角点、边缘、法向量等）、中层（平面、立方体等）和高层（物体检测、识别、分割等）。三维视觉技术可以广泛应用于机器人、无人驾驶、智慧工厂、虚拟 / 增强现实等方向。

（四）动态视觉

动态视觉即分析视频或图像序列，模拟人处理时序图像的科学。通常动态视觉问题可以定义为寻找图像元素，如像素、区域、物体在时序上的对应，以及提取其语义信息的问题。动态视觉研究被广泛应用在视频分析以及人机交互等方面。

（五）视频编解码

视频编解码是指通过特定的压缩技术，将视频流进行压缩。视频流传输中最为重要的编解码标准有国际电联的 H.261、H.263、H.264、H.265、M-JPEG 和 MPEG 系列标准。视频压缩编码主要分为两大类：无损压缩和有损压缩。无损压缩指使用压缩后的数据进行重构时，重构后的数据与原来的数据完全相同，例如磁盘文件的压缩。有损压缩也称为不可逆编码，指使用压缩后的数据进行重构时，重构后的数据与原来的数据有差异，但不会使人们对原始资料所表达的信息产生误解。有损压缩的应用范围广泛，例如视频会议、可视电话、视频广播、视频监控等。

目前，计算机视觉技术发展迅速，已具备初步的产业规模。未来计算机视觉技术的发展主要面临以下挑战：一是如何在不同的应用领域和其他技术更好地结合，计算机视觉在解决某些问题时可以广泛利用大数据，已经逐渐成熟并且可以超越人类，而在某些问题上却无法达到很高的精度；二是如何降低计算机视觉算法的开发时间和人力成本，目前计算机视觉算法需要大量的数据与人工标注，需要较长的研发周期以达到应用领域所要求的精度与耗时；三是如何加快新型算法的设计开发，随着新的成像硬件与人工智能芯片的出现，针对不同芯片与数据采集设备的计算机视觉算法的设计与开发也是挑战之一。

六、生物特征识别

生物特征识别技术是指通过个体生理特征或行为特征对个体身份进行识别认证的技术。从应用流程看，生物特征识别通常分为注册和识别两个阶段。注册阶段通过传感器对人体的生物表征信息进行采集，如利用图像传感器对指纹和人脸等光学信息、麦克风对说话声等声学信息进行采集，利用数据预处理以及特征提取技术对采集的数据进行处理，得到相应的特征进行存储。识别过程采用与注册过程一致的信息采集方式对待识别人进行信息采集、数据预处理和特征提取，然后将提取的特征与存储的特征进行比对分析，完成识别。从应用任务看，生物特征识别一般分为辨认与确认两种任务，辨认是指从存储库中确定待识别人身份的过程，是一对多的问题；确认是指将待识别人信息与存储库中特定单人信息进行比对，确定身份的过程，是一对一的问题。

生物特征识别技术涉及的内容十分广泛，包括指纹、人脸、虹膜、指静脉、声纹、步态等多种生物特征，其识别过程涉及图像处理、计算机视觉、语音识别、机器学习等多项技术。目前生物特征识别作为重要的智能化身份认证技术，在金融、公共安全、教育、交通等领域得到广泛的应用。下面将对指纹识别、人脸识别、虹膜识别、指静脉识别、声纹识别以及步态识别等技术进行介绍。

（一）指纹识别

指纹识别过程通常包括数据采集、数据处理、分析判别三个过程。数据采集是通过光、电、力、热等物理传感器获取指纹图像；数据处理包括预处理、畸变校正、特征提取三个过程；分析判别是对提取的特征进行分析判别的过程。

（二）人脸识别

人脸识别是典型的计算机视觉应用，从应用过程来看，可将人脸识别技术划分为检测定位、面部特征提取以及人脸确认三个过程。人脸识别技术的应用主要受到光照、拍摄角度、图像遮挡、年龄等多个因素的影响，在约束条件下人脸识别技术相对成熟，在自由条件下人脸识别技术还在不断改进。

（三）虹膜识别

虹膜识别的理论框架主要包括虹膜图像分割、虹膜区域归一化、特征提取和识别四个部分，研究工作大多是基于此理论框架发展而来的。虹膜识别技术应用的主要难题包含传感器和光照影响两个方面：一方面，由于虹膜尺寸小且受黑色素遮挡，需在近红外光源下采用高分辨图像传感器才可清晰成像，对传感器质量和稳定性要求比较高；另一方面，光照的强弱变化会引起瞳孔缩放，导致虹膜纹理产生复杂形变，增加了匹配的难度。

（四）指静脉识别

指静脉识别是利用了人体静脉血管中的脱氧血红蛋白对特定波长范围内的近红外线有很好的吸收作用这一特性，采用近红外光对指静脉进行成像与识别的技术。由于指静脉血管分布随机性很强，其网络特征具有很好的唯一性，且属于人体内部特征，不受外界影响，因此模态特性十分稳定。指静脉识别技术应用面临的主要难题来自成像单元。

（五）声纹识别

声纹识别是指根据待识别语音的声纹特征识别说话人的技术。声纹识别技术通常可以分为前端处理和建模分析两个阶段。声纹识别的过程是将某段来自某个人的语音经过特征提取后与多复合声纹模型库中的声纹模型进行匹配，常用的识别方法可以分为模板匹配法、概率模型法等。

（六）步态识别

步态是远距离复杂场景下唯一可清晰成像的生物特征，步态识别是指通过身体体型和行走姿态来识别人的身份。相比上述几种生物特征识别，步态识别的技术难度更大，体现在其需要从视频中提取运动特征，以及需要更高要求的预处理算法，但步态识别具有远距离、跨角度、光照不敏感等优势。

七、虚拟现实/增强现实

虚拟现实（VR）/增强现实（AR）是以计算机为核心的新型视听技术。结合相关科学技术，在一定范围内生成与真实环境在视觉、听觉、触感等方面高度近似的数字化环境。用户借助必要的装备与数字化环境中的对象进行交互，相互影响，获得近似真实环境的感受和体验，通过显示设备、跟踪定位设备、触力觉交互设备、数据获取设备、专用芯片等实现。

虚拟现实/增强现实从技术特征角度，按照不同处理阶段，可以分为获取与建模技术、分析与利用技术、交换与分发技术、展示与交互技术以及技术标准与评价体系五个方面。获取与建模技术研究如何把物理世界或者人类的创意进行数字化和模型化，难点是三维物理世界的数字化和模型化技术；分析与利用技术重点研究对数字内容进行分析、理解、搜索和知识化的方法，其难点在于内容的语义表示和分析；交换与分发技术主要强调各种网络环境下大规模的数字化内容流通、转换、集成和面向不同终端用户的个性化服务等，其核心是开放的内容交换和版权管理技术；展示与交互技术重点研究符合人类习惯数字内容的各种显示技术及交互方法，以期提高人对复杂信息的认知能力，其难点在于建立自然和谐的人机交互环境；技术标准与评价体系重点研究虚拟现实/增强现实基础资源、内容编目、信源编码等的规范标准以及相应的评估技术。

目前虚拟现实/增强现实面临的挑战主要体现在智能获取、普适设备、自由交互和感知融合四个方面。其在硬件平台与装置、核心芯片与器件、软件平台与工具、相关标准与规范等方面存在一系列科学技术问题。总体来说，虚拟现实/增强现实呈现虚拟现实系统智能化、虚实环境对象无缝融合、自然交互全方位与舒适化的发展趋势。

综上所述，人工智能技术在以下方面的发展有显著的特点，是进一步研究人工智能发展趋势的重点。

（一）技术平台开源化

开源的学习框架在人工智能领域的研发成绩斐然，对深度学习领域影响巨大。开源的深度学习框架使开发者可以直接使用已经研发成功的深度学习工具，减少二次开发，提高效率，促进业界紧密合作和交流。国内外产业巨头也纷纷意识到通过开源技术建立产业生态，是抢占产业制高点的重要手段。通过技术平台的开源化，可以扩大技术规模，整合技术和应用，有效布局人工智能全产业链。谷歌、百度等国内外龙头企业纷纷布局开源人工智能生态，未来将有更多的软硬件企业参与开源生态。

（二）专用智能向通用智能发展

目前人工智能的发展主要集中在专用智能方面，具有领域局限性。随着科技的发展，各领域之间相互融合、相互影响，需要一种范围广、集成度高、适应能力强的通用智能，提供从辅助性决策工具到专业性解决方案的升级。通用人工智能具备执行一般智慧行为的能力，可以将人工智能与感知、知识、意识和直觉等人类的特征互相连接，减少对领域知识的依赖性，提高处理任务的普适性，这将是人工智能未来的发展方向。

未来的人工智能将广泛地涵盖各个领域，消除各领域之间的应用壁垒。

（三）智能感知向智能认知方向迈进

人工智能的主要发展阶段包括：运算智能、感知智能、认知智能，这一观点得到业界的广泛认可。早期阶段的人工智能是运算智能，机器具有快速计算和记忆存储能力。当前大数据时代的人工智能是感知智能，机器具有视觉、听觉、触觉等感知能力。随着类脑科技的发展，人工智能必然向认知智能时代迈进，即让机器能理解、会思考。

第三节　人工智能产业现状及趋势

人工智能作为新一轮产业变革的核心驱动力，将催生新的技术、产品、产业、业态、模式，从而引发经济结构的重大变革，实现社会生产力的整体提升。本节重点对智能基础设施、智能信息及数据和智能技术服务三个方面展开介绍，并总结人工智能行业应用及产业发展趋势。

一、智能基础设施

智能基础设施为人工智能产业提供计算能力支撑，其范围包括智能芯片、智能传感器、分布式计算框架等，是人工智能产业发展的重要保障。

（一）智能芯片

智能芯片从应用角度可以分为训练和推理两种类型。从部署场景来看，可以分为云端和设备端两大类。训练过程由于涉及海量的训练数据和复杂的深度神经网络结构，需要庞大的计算规模，主要使用智能芯片集群来完成。与训练的计算量相比，推理的计算量较少，但仍然涉及大量的矩阵运算。目前，训练和推理通常都在云端实现，只有对实时性要求很高的设备会交由设备端进行处理。

随着互联网用户量和数据规模的急剧膨胀，人工智能发展对计算性能的要求迫切增长，对 CPU 计算性能提升的需求超过了摩尔定律的增长速度。同时，受限于技术，传统处理器性能也无法按照摩尔定律继续增长，发展下一代智能芯片势在必行。未来的智能芯片主要是向两个方向发展：一是模仿人类大脑结构的芯片，二是量子芯片。

（二）智能传感器

智能传感器是具有信息处理功能的传感器。智能传感器带有微处理机，具备采集、处理、交换信息等功能，是传感器集成化与微处理机相结合的产物。智能传感器属于人工智能的神经末梢，用于全面感知外界环境。各类传感器的大规模部署和应用为实现人工智能创造了不可或缺的条件。不同应用场景,如智能安防、智能家居、智能医疗等对传感器应用提出了不同的要求。未来,高敏度、高精度、高可靠性、微型化、集成化将成为智能传感器发展的重要趋势。

(三)分布式计算框架

面对海量的数据处理、复杂的知识推理,常规的单机计算模式已经不能支撑。所以,计算模式必须将巨大的计算任务分成小的单机可以承受的计算任务,即云计算、边缘计算、大数据技术提供了基础的计算框架。目前流行的分布式计算框架如 Open Stack、Hadoop、Storm、Spark、Samza、Bigflow 等。各种开源深度学习框架也层出不穷,其中包括 TensorFlow、Caffe、Keras、CNTK、Torch7、MXNet、Leaf、Theano、Deep Learning、Lasagne、Neon 等。

二、智能信息及数据

目前,人工智能数据采集、分析、处理方面的企业主要有两种:一种是数据集提供商,以提供数据为自身主要业务,为需求方提供机器学习等技术所需要的不同领域的数据集;另一种是数据采集、分析、处理综合性厂商,自身拥有获取数据的途径,并对采集到的数据进行分析处理,最终将处理后的结果提供给需求方使用。对于一些大型企业,企业本身也是数据分析处理结果的需求方。

三、智能技术服务

智能技术服务主要关注如何构建人工智能的技术平台,并对外提供人工智能相关的服务。此类厂商在人工智能产业链中处于关键位置,依托基础设施和大量的数据,为各类人工智能的应用提供关键性的技术平台、解决方案和服务。目前,从提供服务的类型来看,智能技术服务厂商包括三类:(1)提供人工智能的技术平台和算法模型;(2)提供人工智能的整体解决方案;(3)提供人工智能在线服务。这三类角色并不是严格区分开的,很多情况下会出现重叠,随着技术的发展成熟,在人工智能产业链中已有大量的厂商同时具备上述两类或者三类角色的特征。

第四节 安全、伦理、隐私问题

历史经验表明,新技术常常能够提高生产效率,促进社会进步。与此同时,由于人工智能尚处于初期发展阶段,该领域的安全、伦理、隐私相关的政策、法律和标准问题值得关注。就人工智能技术而言，安全、伦理和隐私问题直接影响人们与人工智能工具交互经验中对人工智能技术的信任。社会公众必须信任人工智能技术能够给人类带来的安全利益远大于伤害，才有可能发展人工智能。要保障安全，人工智能技术本身及在各个领域的应用应遵循人类社会所认同的伦理原则，其中应特别关注的是隐私问题，因为人工智能的发展伴随着越来越多的个人数据被记录和分析，而在这个过程中保障个人隐私则是社会信任能够增加的重要条件。总之，建立一个令人工智能技术造福于社会、保护公众利益的政策、法律和标准化环境，是人工智能技术持续、健康发展的重要前提。为此，本节集中讨论与人工智能技术相关的安全、伦理、隐私的问题。

一、人工智能的安全问题

人工智能最大的特征是能够实现无人类干预地、基于知识并能够自我修正地自动化运行。在开启人工智能系统后，人工智能系统的决策不再需要操控者进一步的指令，这种决策可能会产生人类预料不到的结果。设计者和生产者在开发人工智能产品的过程中可能并不能准确预知某一产品会存在的可能风险。因此，人工智能的安全问题不容忽视。

与传统的公共安全（例如核技术）需要强大的基础设施作为支撑不同，人工智能以计算机和互联网为依托，无须昂贵的基础设施就能造成安全威胁。掌握相关技术的人员可以在任何时间、地点且没有昂贵基础设施的情况下做出人工智能产品。人工智能的程序运行并非公开可追踪，其扩散途径和速度也难以精确控制。在无法利用已有传统管制技术的条件下，对人工智能技术的管制必须另辟蹊径。换言之，管制者必须考虑更为深层的伦理问题，保证人工智能技术及其应用均符合伦理要求，才能真正实现保障公共安全的目的。

由于人工智能技术的目标实现受其初始设定的影响，必须能够保障人工智能设计的目标与大多数人的利益和伦理道德一致，即使在决策过程中面对不同的环境，人工智能也能做出相对安全的决定。从人工智能的技术应用方面看，要充分考虑到人工智能开发和部署过程中的责任和过错问题，通过为人工智能技术开发者、产品生产者或者服务提供者、最终使用者设定权利和义务的具体内容，达到落实安全保障要求的目的。

此外，考虑到目前世界各国关于人工智能管理的规定尚不统一，相关标准也处于空白状态，同一人工智能技术的参与者可能来自不同国家，而这些国家尚未签署针对人工智能的共有合约。为此，我国应加强国际合作，推动制定一套世界通用的管制原则和标准来保障人工智能技术的安全性。

二、人工智能的伦理问题

人工智能是人类智能的延伸，也是人类价值系统的延伸。在其发展的过程中，应当包含对人类伦理价值的正确考量。设定人工智能技术的伦理要求，要依托于社会和公众对人工智能伦理的深入思考和广泛共识，并遵循一些共识原则。

一是人类利益原则，即人工智能应以实现人类利益为终极目标。这一原则体现对人权的尊重、对人类和自然环境利益最大化以及降低技术风险和对社会的负面影响。在此原则下，政策和法律应致力于人工智能发展的外部社会环境的构建，推动对社会个体的人工智能伦理和安全意识教育，让社会警惕人工智能技术被滥用的风险。此外，还应该警惕人工智能系统做出与伦理道德偏差的决策。例如，大学利用机器学习算法来评估入学申请，假如用于训练算法的历史入学数据（有意或无意）反映出之前的录取程序的某些偏差（如性别歧视），那么机器学习可能会在重复累计的运算过程中恶化这些偏差，造成恶性循环。如果没有纠正，偏差会以这种方式在社会中永久存在。

二是责任原则，即在技术开发和应用两方面都建立明确的责任体系，以便在技术层面可以对人工智能技术开发人员或部门问责，在应用层面可以建立合理的责任和赔偿体系。在责任原则下，在技术开发方面应遵循透明度原则；在技术应用方面则应当遵循权责一致原则。

其中，透明度原则要求了解系统的工作原理从而预测未来发展，即人类应当知道人工智能如何以及为何做出特定决定，这对于责任分配至关重要。例如，在神经网络这个人工智能的重要议题中，人们需要知道为什么会产生特定的输出结果。另外，数据来源透明度也同样非常重要。即便是在处理没有问题的数据集时，也有可能面临数据中隐含的偏见问题。透明度原则还要求开发技术时注意多个人工智能系统协作产生的危害。

权责一致原则指的是未来政策和法律应该做出明确规定：一方面必要的商业数据应被合理记录、相应算法应受到监督、商业应用应受到合理审查；另一方面商业主体仍可利用合理的知识产权或者商业秘密来保护本企业的核心参数。在人工智能的应用领域，权利和责任一致的原则尚未在商界、政府对伦理的实践中完全实现。主要是由于在人工智能产品和服务的开发和生产过程中，工程师和设计团队往往忽视伦理问题，此外人工智能的整个行业尚未习惯于综合考量各个利益相关者需求的工作流程，人工智能相关企业对商业秘密的保护也未与透明度相平衡。

三、人工智能的隐私问题

人工智能的近期发展建立在大量数据的信息技术应用之上，不可避免地涉及个人信息的合理使用问题，因此对于隐私应该有明确且可操作的定义。人工智能技术的发展也让侵犯个人隐私（的行为）更为便利，因此相关法律和标准应该为个人隐私提供更强有力的保护。已有的对隐私信息的管制包括对使用者未明示同意的收集，以及使用者明示同意条件下的个人信息收集两种类型的处理。人工智能技术的发展对原有的管制框架带来了新的挑战，原因是使用者所同意的个人信息收集范围不再有确定的界限。利用人工智能技术很容易推导出公民不愿意泄露的隐私，例如从公共数据中推导出私人信息，从个人信息中推导出和个人有关的其他人员（如朋友、亲人、同事）信息（在线行为、人际关系等）。这类信息超出了最初个人同意披露的个人信息范围。

此外，人工智能技术的发展使政府对于公民个人数据信息的收集和使用更加便利。大量个人数据信息能够帮助政府各个部门更好地了解所服务的人群状态，确保个性化服务的机会和质量。但随之而来的是，政府部门和工作人员个人不恰当使用个人数据信息的风险和潜在的危害应当得到足够的重视。

人工智能语境下个人数据的获取和知情同意应该重新进行定义。首先，相关政策、法律和标准应直接对数据的收集和使用进行规制，而不能仅仅征得数据所有者的同意；其次，应当建立实用、可执行的、适应于不同使用场景的标准流程以供设计者和开发者保护数据来源的隐私；再次，对于利用人工智能可能推导出超过公民最初同意披露的信息的行为应该进行规制；最后，政策、法律和标准对于个人数据管理应该采取延伸式保护，鼓励发展相关技术，探索将算法工具作为个体在数字和现实世界中的代理人。这种方式使控制和使用两者得以共存，因为算法代理人可以根据不同的情况，设定不同的使用权限，同时管理个人同意与拒绝分享的信息。

第二章　人工智能控制技术

第一节　智能控制的概述

一、智能控制的内涵

"智"与"能"这两个字在中国早就出现，但"智能"这个词是近 30 年才有的。按字面解释，"智"指巧用，而"能"则指能耐，泛指功能、技能与能力。

西方"智能"常用 intelligence，按韦氏词典的解释为"The ability for perceive logical relationships and use one's knowledge to solve problems and respond appropriately to novel situation（感知逻辑关系，利用自己的知识解决问题并适应新情况的能力，编者译）"，而针对计算机的解释为"Capability of performing some functions usually associated with human reasoning etc.（通常能够执行与人类推理等相关联的一些功能，编者译）"。

因而 intelligence 的理解更接近属于人的思维的一部分。但当 intelligent 在形容算法（algorithm）时实际上已包括了人类受自然界演化的启发而建立起来的行之有效的算法。而人们在讨论一些智能材料时有时并不用 intelligence 而采用 smart，这表明目前在什么叫智能上无论是国内还是国外并未达成通用的唯一的解释，而处于多义多释的情况，这可能是一切新学科出现的共性。

就控制而言，我们宜于将智能理解得更广一些，这是基于信息科学的层次。控制器的设计本身是控制算法的设计，因而智能控制的核心自然是指具有智能特征的控制算法，而算法自然应包括仿人思维的和自然界演化的，人工智能在英文中常用 artificial intelligence，就是指用人造的办法实现的智能，在今天它主要体现在用计算机来实现这一点上，因此智能控制的核心当是以人工智能的方法来实现的控制算法。

控制科学与技术是针对自动控制系统研究、设计、实验、运行中形成的科学与技术，是自动化科学与技术的一个重要部分。随着科学的发展和技术的进步，系统的复杂程度越来越高，工作要求也日益多样化、综合化与精确化，这样越来越多的先进技术特别是信息技术应用于控制系统，这使控制系统在很多情况下不再是原有的结构相对简单、控制目标单一的以反馈为主要特征的单回路控制系统，原有的控制理论、方法在新的形势下不能适应要求，这为人工智能的方法与技术更多地融入控制系统中来并发挥日益重要的作用创造了条件和提供了机遇。

如果说 1936 年图灵（Turing）建立自动机理论和随后在 1950 年发表论文《计算机与智能》时，人们还认为这是一种科学理想，并不能看清其实现的途径和发展的规模，在经历了半个多世纪的发展后，这种人工智能的思想已经发展成为信息领域的一个充满生机、日新月异的领域。当时人们预测人工智能与纳米技术和基因技术并列为 21 世纪最具影响的三大尖端技术是很有道理的。

科学的成就首先是具体的，在发展到一定阶段后才可能形成新的理论框架。位于美国的圣塔菲研究所从事的复杂性研究首先揭示了一系列实际存在的复杂性现象，并从这些现象的研究中提炼出一系列不同于常规的、新型的、有时很有效的算法，开创了智能算法的一片天地，使很多过去看来十分困难的计算成为可能，显示出一种独特的优越性。

在我国，由于信息科学技术总体上与世界先进国家差距不算太大，经过这几年的发展，在一些领域已经处于领先地位，作为信息科学新的重要领域，人工智能的发展自然被上升到国家发展战略高度进行考虑。

2014 年 6 月 9 日，习近平总书记在两院院士大会上指出："由于大数据、云计算、移动互联网等新一代信息技术同机器人技术相互融合步伐加快，3D 打印、人工智能迅猛发展，制造机器人的软硬件技术日趋成熟，成本不断降低，性能不断提升，军用无人机、自动驾驶汽车、家政服务机器人已经成为现实，有的人工智能机器人已具有相当程度的自主思维和学习能力。……我们要审时度势、全盘考虑、抓紧谋划、扎实推进。"

一方面是国家对人工智能的关心与重视，另一方面是控制科学发展面临的巨大挑战，这两者的碰撞意味着发展智能控制的大好时机的到来，我们应紧紧抓住这个机会，迎头创新，使我们能在新的一代控制科学发展上占据制高点，从而在一些原始创新上取得决定性的进展。

人工智能在今天已经发展成一个很大的领域，这个领域的几乎所有分支都与自动化有着千丝万缕的联系。这种联系既有为自动化服务的智能元件与技术，也有与自动化技术结合在一起形成的系统。

人工智能从功能上分大致有：

感知类。视觉、语音识别等。

信息提取、理解与鉴别。指纹、人脸识别，虹膜、掌纹识别，搜索功能，语言图像等的理解，模式识别等。

推理决策及其实现。机器证明，自动程序设计，智能控制，自动组织、管理、规划与决策等。

与自动化结合的系统形成了一系列新的应用领域，例如操作机械手、服务型机器人、智能安检系统等。

从广义上理解今日的控制，已经是一个复杂、多结构、多尺度、多模式混合的系统，而控制的要求已不再单一，目标多样且可能互相制约，这预示控制系统的新模式将呈现出将决策、管理、通信与控制一体化的趋势，因而智能与控制的结合就有着一种广义的理解。如果控制只是原有动态过程的控制，这样智能控制就具有明确的但相对狭义的定位。

在现阶段，我们对人工智能与控制的结合研究还在初级阶段，并不宜将其划分得十分清晰，而随着科学的进一步发展，其中的差异可能会更不重要，人们可能更关注广义的、更为复杂的智能控制系统。

从研究的角度，正确的步骤自然应该是首先弄清狭义的智能控制，进而在此基础上扩展为智能自动化或广义的智能控制。无论是智能自动化还是智能控制，都是由两类技术科学的学科结合而成，因而其本身的发展必将符合技术科学的发展规律。而其结论的科学价值首先是在科学的前提下能用和好用，这里的科学性自然不是指数学的公理体系与形式逻辑的推演。

研究人的智能的形成可以看到这是由人的学习过程形成的。人类的学习一般可以分为两类，首先是继承性的学习，这是指人从小开始通过大人的说教、上学、读书，以相当快捷的速度将父母、他人乃至社会长期积累得到的经验、知识等变成自己的认知资源。这种学习好坏的标志常表现为记性好、想得起来、举一反三乃至用时就能想起。这种继承性学习在计算机上则归结为建立专家库、数据库、知识库和规则库等，在这些库中存储了所需要的各种资源，而作为人工智能必须能灵活方便地从这些庞大的存储中找到自己所需的信息，这就要求系统具有搜索、对比、分类、分析、比较、寻优等功能，以便快、全、准地寻求相关信息并具有一定的信息加工能力，同时能对有用的信息进行分析、存储和更新等。

另一种学习过程是一种自主式的学习过程。这个过程形成智能是通过不断迭代改进形成的。它通过自身的感知，对确定要做的事（或目标）进行分析，确定达到目标的策略。将每次结果进行记忆并与原有的进行比较以便更新，这是一个不断改进以达到目的的过程。这种学习过程对人类来说有些是通过大脑的思想过程，有些只是在神经系统乃至神经系统的下游就可以完成，甚至有些可以形成一种反射机制。虽然人类社会经过几千年的历史积累已经形成对物理、化学、生物与生态的很多基础性认识并以继承性学习的方式传承下来，但这些自主式的学习可以完全不依赖这些积累，而是自主从无到有地学习并形成一种智能。例如杂技团的演员在顶竹竿时，他一般并不清楚顶竹竿的动力学在一些合理的假设下可以用倒立摆的方程进行描述，自然他控制竹竿的动作也不是基于倒立摆方程设计的，而是通过反复训练学习以掌握顶竿的本领。

人类的智能就是由上述两种学习方式（继承的和自主的）经历长时间的发展过程而形成的。

针对自主式学习的过程，人们一开始用计算机建立一些计算单元来模仿人的神经活动，即用人造的神经元形成网络来实现人类或动物个体的相关活动。由于构成神经元的单元是一种非线性元件，因此将神经元组合在一起，就能形成联想功能与学习功能。人们利用这些功能可以创造出不少具有智能特征的部件，特别是将神经元组成多层神经网络可以将学习功能深化以便充分利用计算机容量大和速度快的巨大优势，从而弥补人类在大容量的博弈智能方面的不足。

AlphaGo战胜围棋世界顶级高手是人工智能的杰出表现，它采用多层神经网络进行深度自主学习，同时它所用的棋谱正是传承了数百年人类在这方面的智慧的结晶。

用计算机进行学习与形成智能，不仅可以利用仿人神经元的多层结构，而且可以利用自然界，包括物理、化学、生物与生态的演化过程来构建人造的智能算法。这方面有针对局部搜索可能导致局部极值而改进的模拟退火、遗传算法、禁忌搜索以便寻求在一定条件下如何能达到全局最优的方法。这些方法并不是万能方法，而是对一些问题有效而对另一些则可能完全无效的方法。作为遗传算法的拓展，进化计算成为智能算法中一个重要的组成部分。这种算法通过借鉴自然界优胜劣汰的思想建立起来，在一段时间里属于它的遗传算法、进化策略和进化编程并没有引起人们的关注，后来发现它们在解决一些著名的疑难问题中显示出特别有效的能力才引起了业界巨大的兴趣。随着计算机处理问题在容量和速度上的飞速发展加之遗传编程的出现，这些基于同样思想但又各具特色的分支，互相碰撞沟通使进化计算发展迅速并应用广泛。

冯·诺依曼（Von Neumann）在20世纪50年代发明元胞自动机，它的出现不同于有严格定义的物理方程或函数确定的动力学系统，它是指在一空间、时间均离散的系统中，由大量元胞通过简单的相互作用而使系统发生演化。由于元胞自动机中的单元的多样性以及相互作用的不同，这种模型可以成功地模拟生物群体活动的演化过程，并在物理、化学、生物与生态、信息科学的很多领域内得到成功应用。

上述智能算法在应用到一些科学问题时具有一些共同的需要认真研究的问题，这表现在：

（1）如何确定其适用范围，即使用什么类型的智能算法到什么样的实际系统是比较有效的，这种适用性的研究的目的是弄清楚特定的智能算法的适用范围与条件，在方法上首先应该利用计算机进行反复实验而不是用严格的数学证明作为主要研究手段。

（2）这些智能算法常常与系统的复杂性研究有关，开始于20世纪80年代的关于系统复杂性的研究，其基本思想为超越还原论这些对研究工作长期的影响。其讨论的对象是一定量非线性元件之间由于相互作用而出现的，例如，系统无序到动态有序的现象或从混沌到有序的现象、物质进化过程的不可逆性及其机制、复杂系统的适应性特征等。对这些现象的出现所进行的研究在方法论上与传统的数学、物理等科学研究不同，需要一种新的思维方法和理论，而这些方法与智能算法有时有相当好的契合。

（3）人们常将具有严格定义的物理、化学、生物界确定的方程、函数或泛函作为对象，具有十分确定的数学公式而建立起来的算法称为传统的算法。智能算法的特点则是不以确定的方程、函数或泛函为对象，也不具有确定的数学公式，而是根据规则之类的、有时具有不确定性的方法利用计算机作为手段进行计算的，因而智能算法是否有效主要不是依靠建立在公理体系上的严格的数学证明，而是更接近于其他自然科学研究的方法论，即以计算运行来对算法进行实验并从中寻找带规律性的东西来改进计算。这也是智能算法更多是由物理学家而不是传统意义下的计算数学家创立的原因。在相对简单的问题中，传统计算与智能计算之间的差别比较清楚，但日益复杂的大规模计算可能会呈现出一种"你中有我、我中有你"的复杂交叉情况。

在人的学习与研究过程中常常会出现灵感这一现象，王国维借辛稼轩的词《元夕》中的词句"众里寻他千百度，蓦然回首，那人却在灯火阑珊处"来形容这种百思不得其解忽然就像得到启示一样找到了解答的现象。复杂性研究的人将此种现象归结为思索过程中的涌现行为并认定这是非线性复杂性引起的，但至今在计算机仿人的思维中并未能揭示或复现这一非常有价值的过程。

二、经典控制与智能控制

控制界在近年来的共识认为控制器的设计从信息科学的层面看，其核心是控制算法的设计，控制算法主要根据系统的输入与输出信息、系统及其可能产生变化的信息、系统工作环境的信息，以及对系统所提任务和要求变化的信息，经过采集、加工、分析、计算以形成系统能接受并可据此进行工作的控制命令。控制命令的形成，一个是对形成命令所需信息的齐备，这中间首先是对控制对象的认知，即对系统进行建模，而对无论是输入、输出、环境变化等一系列信息的认知都涉及信息采集与加工、信息传输等。无论是关于建模等为控制命令的形成所需的信息准备工作，还是在信息相对齐备后形成控制命令的过程，都包括了各种必须行之有效的计算机算法。这些算法由于问题的特点，既可以是传统的也可以是智能的，这自然取决于使用这些算法的具体条件与要求。

从控制器研究与应用的历史分析，人们发现要对系统进行控制，传统的想法是必须首先对系统有所认识，但这种认识也可以基于对系统的工作原理及其性质的分析，而未必一定要用数学方程表述出来。1788年瓦特针对蒸汽机制造出离心调速器并未真正从方程和稳定性分析出发，直到1868年物理学家麦克斯韦针对离心调速器和机械钟表的擒纵机构写出《论调节器》一文才首次在世界上利用理论工具对这两类系统进行了分析。

自从20世纪开始，先是机电工业，继之是交通航空等工业的发展，按当时系统工作的条件与要求，促使以反馈为核心思想的单回路单变量控制系统得到发展，而积分变换及其在电力系统中所适用有效的运算微积的方法使在系统中常用的微分、积分和经过微分方程等的运算和相当复杂的元部件联结的关系可简单地化成传递函数的代数运算，并用简洁的标上传递函数的方框图表示出来，这就使以传递函数或频率特性为主要工具并有很好工程直观的经典控制理论得以发展成熟，而这一方法在理论上并无特别深刻的理论内涵，却能十分有效地解决当时控制工程上提出的众多问题，并形成了一套系统地解决控制器设计的方法，当时的实践表明该方法的有效性，而这一理论方法由于只能处理单回路控制系统，在面对日益复杂的控制对象时迎来了挑战。

这一方面最著名的挑战就是关于卫星的姿态控制，由于描述卫星姿态的3个欧拉角在动力学上存在非线性的耦合效应，这使它不能像亚音速飞机在巡航飞行时那样实现解耦，于是采用任何线性单回路控制的技术处理大范围姿态控制均被认为是不合适的。卫星自然只是指出建立在单回路系统之上的调节原理不再合适的一个例子，面对这一挑战应运而生的就是多变量和非线性控制的理论的出现。这个理论的特征就是模式的一般化，系统性能要求也只能以一般化的方法给出，正由于此立即吸引了大量数学家的兴趣，这种兴趣使控制理论特别是控制的数学理论取得了极其丰富的成果，自然这些成果中确有不少对控制工程起到了促进作用，但从总体上讲，数学上有价值的成果常常与工程实际的需求差之过远。

与此同时由于计算机技术的突飞猛进，为控制工程实际工作者提供了新的更加有效又便捷的工具，利用计算机把控制工程实际的传统且行之有效的方法变得更加方便好用。控制工程的工作者因此对控制理论一方面感到高不可及和生疏，另一方面感到这些理论又完全不能满足实际需求而日益对其疏远与漠不关心。

另一方面控制理论的研究者从数学的兴趣出发，自认为这种兴趣是符合实际要求的或根本不屑讨论实际要求，另有些人由于自己实际所受的教育与训练使其根本不具解决实际问题的能力退而只能研究理论，这种分离促使控制工程与控制理论这两个本应紧密联系的人群渐行渐远，各自找到自己发挥聪明才智的地方并都有满意的获得感，以致部分控制应用的专家针对控制的很多理论无法应用直言不讳地声称："控制理论这样搞，实际上已经走到了它的尽头。"

控制系统从本质上讲具有双重性，一方面它是一个信息系统，其中输入输出关系主要依靠信息及其间关系加以描述，但另一方面它又是实实在在的物质系统，物质系统的运转必然带有这类物质系统的特性，包括它能顺利工作的环境、客观必须遵守的约束和限制、组成系统的元部件所具有的能力等不是纯粹信息层面的因素，就是从信息层面考虑系统中信息之间的关系的实现时也并不都能用简单的数学关系式进行刻画，因为信息本身都有载体而载体本身又都是物质的。

从数学角度研究控制如果不是针对控制系统的客观实际，往往只是在数学上有意义而对控制的真正实现却帮助很小，其根本原因之一在于他们没有习惯也没有能力去考虑在他们所研究的模型基础之上输出信息如何能有效获取以及输出信息怎样才能有效地形成控制命令并有效地对系统发生作用，而仅把兴趣放在针对模型所能得到的某些与实际系统设计与运作并无直接关系的性质上。

这方面一个突出的例子表现在由于包括航天需求在内考虑的弹性体控制问题上，一方面从事实际工作或力学的人总把兴趣集中在振型分析基础之上的方法，由于这不仅可与物理实验、仿真等相结合而且易于必要信息的获取，而从事理论研究的人则更乐于将其视为典型的分布参数系统的理论，而且所用数学工具由半群理论直到黎曼几何，很多真正能用的却很少。

另一个制约理论与应用结合的因素是数学从一般式模型得到的一般化的概念与实际要求存在很大的差异，数学能证明的性质往往是一种定性的性质，例如极限与收敛，这在控制理论的很多地方均依赖其说明方法的优点，例如参数辨识与估计的收敛性，系统中运动的渐近稳定性等。但这种定性结论对于控制工程中的定量要求并不能直接给出答案。数学对于问题能否求解往往给出的证明是一种存在性的证明，无论是收敛性还是存在性，在人们研究控制问题时均具有重要的指导意义，但对于控制工程来说，仅指明方向是不够的，人们更希望能给出具体的方法以保证落实到工程可以接受与可以用的程度，以及指出定量的结果。

数学的很多理论在比较简单的情况下有明确的结论，并且很多情况下均很方便地用来证明控制科学中的结论，但随着控制系统复杂程度的增大、容量的扩展，这些方法在取得一定进展以后就陷入停步不前的状态。

例如 20 世纪末控制理论上兴起的切换系统，人们希望这种理论能解决有关电网稳定运行的问题，对于发生在电网中可能的切换无法预知，于是这类稳定运行的问题在理论研究上就归结为多个系统存在公共李雅普诺夫函数的问题，而后者只有阶次很低时才有明确的结论，而这刚好是阶次很高的电网所无法接受的。

另一个例子是神经网络的研究刚兴起不久，人们也试图利用已有的李雅普诺夫方法去讨论神经网络的性质，起初对于低阶的系统还是有一些进展，但对于后来发展起来的多种类的乃至多层结构复杂的神经网再企图用严格但理想化了的数学理论提供启示实际上就成了天方夜谭式的愿望。

产生上面的问题并不能责怪理论数学与从事理论研究的数学家，因为任何一个学科的能耐都是有局限的，各个学科都有其成为学科的框架并有其能解决问题的范围，如果对学科提出超越其能起作用范围的问题和要求，那只应该反省自己对该学科的定位是否恰当。

上述分析表明控制科学的进一步发展必须在数学与计算机这两个支撑上更加依赖计算机的作用，不仅将计算机作为复杂计算的工具，而且应充分发挥计算机在人工智能上的巨大前景，使之介入到日益复杂的控制系统设计、运行、监控中来。

当前一些数学家已经进入到这些包括大数据、搜索引擎的计算机智能领域，他们灵活地运用各种数学知识帮助解决计算机及相关智能问题，建立行之有效的算法，我们期待他们的合作在新一代的控制科学发展中发挥更好的作用。这种趋势说明了一个现象，即算法工程师特别是智能算法工程师今天不仅在人工智能的领域中担任重要角色，而且在相关的 IT 企业中已成为极重要的角色。

三、人工智能为控制带来的机遇和挑战

传统的控制的做法总是在建模后根据模型与对系统的要求等设计控制器，然后将控制器接入闭合系统后再进行适当分析、仿真和调试后，系统就可以进行正常工作了，但由于系统越来越复杂，不少影响系统运行的因素并不是事前能够估计的，经常存在的各种干扰有时会因突发的原因而对系统产生较大的影响，这就使一种不断建模、验模与控制过程同时进行的控制系统成为必然。

这种建模与控制的一体化的趋势在建模只是重新确定系统参数的情况下已经有几十年预测控制研究的历史，而如今可能面临的问题是系统在相当陌生的环境下工作，此时可能要求系统对自身和环境能做出自主判断，也许会涉及系统模型因大的重构而改变，使这种一体化不仅必须在线考虑而且更为复杂与困难，这为主要依靠计算机与人工智能技术的在线解决提供了机遇并形成了挑战。

关肇直和许国志曾针对当时流行的大系统热明确地指出："系统规模大不是问题的实质，从理论上讲规模大的线性系统与规模较小的线性系统并无本质上的差异，问题在于非线性，而特别值得研究的是上层由运筹学决定而下层由动力学确定的复杂系统。"

几十年时间过去了，这类系统在工业界已经出现，而且借助计算机已经进行了有效运行、管理与监控，而对应的理论却仍在孕育之中，后来出现的离散事件动态系统（DEDS）则并非遵循以时间为序的动态过程而是以离散发生的动态事件触发的系统，这种系统本身的研究已经表明纯粹依靠严格数学远不如利用计算机研究有前途，而当这种 DEDS 在实际应用中其下层往往是通常的动态系统，这类混杂的系统的研究其解决途径无疑将主要依靠计算机及相应智能研究的进展。

长时间运转的系统难免会出现亚健康乃至病态的情况，此时作为自主控制的要求

就必须具有自诊断、自修复，以及带病运行（容错控制）的能力，此时关于在线系统重构与辨识成为必要，这种情况并不都能简化用传统的方法解决，有时需要进行智能式的诊断与处理，于是我们就不得不应对处于健康的、亚健康的、病态的系统一起工作并寻求恢复的局面，这种局面也只能依靠计算机以及智能技术。

现代工厂常常是一个体系在运转，而现代的战争已经成为不同体系之间的对抗。一个体系常常是很复杂的，它是由多种模式构成的多重结构，从时间与空间上都会呈现出多尺度的特征，由于大的体系必然会带来大量传感器的使用和通信成为系统中信息传递所必需的形式，传感器的大量使用带来丰富信息的同时必然提出如何充分利用丰富的信息而提炼出最有价值的信息并经过分析与加工以产生控制、管理与决策的命令，通信的进入使原有控制系统中信息传递被假定为不受任何通道限制这一条件受到了挑战，这是因为通过信道的通信方式为获取信息必然要受到信道容量和传递方式两方面的影响，而这些影响在现代战争和现代工厂体系中是不能忽视的，这说明这种管理决策、控制与通信一体化的体系，无论是单个体系的正常运行还是体系间的对抗都将面临新的多方面的挑战。

正如一个复杂的社会常需要充满智慧的领导一样，要控制这类体系的运转正常一定需要充满智慧的计算机系统，而这也就自然地召唤智能科技的进入。

千里之行，始于足下，面对如此复杂的系统控制问题，不可能存在一个一劳永逸的良方妙药，而必须逐个解决每一个科学与技术问题，在此基础上再加以集成，而在集成的过程中也会重新对原问题的解决提出新的挑战，这自然是一个十分困难的任务，同时也给予我们足够的发展空间去克服可能出现的新局面带来的困难。

四、对智能控制研究的几点建议

针对日益复杂的控制任务，人工智能的进入有可能弥补原有控制方法的不足，但人工智能与智能算法毕竟对控制来说仍然是一个需要认真研究的对象，既不能拒之不用也不能一哄而上，其中一些问题是必须认真考虑的。

（1）控制的传统方法已经发展了近百年，围绕这个方法已经发展了成套的理论、方法及仿真实验的手段，这是一笔宝贵的资源，而且过去的历史已经证明在很多相对简单的情况下也是行之有效的。从控制应用的角度考虑问题应该是谁好用谁，但为了明确谁好这一点，则应该在相对纯化的环境下认真研究智能控制与传统控制各自的优缺点与适用条件以便做到优势互补。

模糊控制在相当一段时间里受到非议的主要原因是他们说不清什么系统用常规控制做不了只能用模糊控制，这实际上表明对于模糊控制的优点的阐述人们还常停留在思辨式的层次上，而缺乏科学意义下的检验。因此，对于智能控制必须进行扎实的研究工作，杜绝口号式、想象式或思辨式分析作为科学依据的做法，真正发掘其优缺点与适用条件。在控制系统设计进而运行上则应将智能的与常规的控制方法结合起来实现优势互补，我们应认清一点，并不是所有的智能技术都能用于控制，也不是所有控制都一定要用智能技术。

（2）由于智能的基础并不在于有确定模式下的数学推演，而是同其他自然科学一样，实验在其中起到重要的作用，这种实验首先是在计算机平台上的实验，这表明智能控制理论从方法论上应与传统的控制理论研究有所区别，即不能依靠数学的严格证明而把数学的作用主要用于算法的设计上，对于智能控制的方法在提出思想以后首先是设计算法，然后在计算机上做信息层次上的实验，用实验来验证理论思维的正确性。

（3）建立一个适合于智能控制研究的仿真平台。搞控制理论的人常对什么叫仿真产生误解，认为按方程式设计好控制器然后闭合系统利用计算机算一个例子就叫仿真。实际上仿真是指建设一个与真实世界相仿的体系，在这个仿真体系上进行仿真运算可行的控制器在接上真实的控制对象后就应有同等的效果，即仿真平台是模仿真实场景的用计算机构成的平台，在仿真平台中的某些单元在用真实物理部件代替后也应可以正常工作，因此仿真与实验实际上包括计算机仿真、半物理仿真及实际接入系统的实验。在控制工程中使用常规控制的方法时，这一系列仿真与实验已经配套成熟，在计算机仿真层次上也有专门的仿真机，对于智能控制，类似的仿真装置也应建立起来。对于仿真设备，首先要求的是建立仿真体系以保证实时性，同时对仿真结果的有效性有评估的标准与对应的算法，而且会进一步指出所用控制器改进的方向。

仿真领域已经有数十年的历史积累，而针对智能控制的依然不多。针对智能控制的仿真平台的建立对于有效地将人工智能用于控制领域具有不可替代的极其重要的作用，这个仿真平台应该与传统的仿真平台能相容以便在实际应用中实现优势互补。

（4）在工业实体中针对需要建立由计算机、人工智能、数学、控制和行业专业领域的人才组成的智能控制联合研究中心，担负发展新的智能算法、建立针对智能控制的仿真平台和将智能控制应用于所在行业的任务，在一定程度上实现资源共享并以此中心为基础建立智能控制的研究基地以真正落实智能控制的研究。

第二节　人工智能的内部控制

人工智能技术能给企业内部控制带来高效和便捷，但同时也会引发潜在的控制风险。本节对人工智能与内部控制的现状进行了分析，总结了人工智能背景下内部控制的风险，并提出了基于人工智能的企业内部控制风险的防范措施，具有一定的现实参考价值。

一、内部控制

内部控制（Internal Control）是为企业实现既定经营目标而采取的一系列控制制度。内部控制的有效实施可以保护企业资产安全，保证财务信息完整可靠，防止企业经营风险。人工智能技术在企业内部控制中被广泛应用，同时也对内部控制风险的防范提出了更高的要求。

二、技术发展及研究现状

1987年，美国AICPA发表文章《人工智能与专家系统简介》，分析总结了人工智能系统能够在财务管理领域中发挥的作用，揭示了两者之间的关系，2017年7月，国务院发布《新一代人工智能发展规划》，提出了我国人工智能发展的指导思想、战略目标、重点任务和保障措施。2017年5月推出的"德勤财务机器人"，2018年9月推出的"芸豆会计"全自动、智能化的财务系统，使人们对人工智能在财务中的应用有了全新的认识。

人工智能技术的发展对内部控制有着重大的作用。乔恩·拉斐尔提出，利用人工智能解决信息传递速度与成本之间的困难，让审计人员从枯燥烦琐的体力劳动中解放出来，将精力与时间集中在提高审计质量、提升内部控制水平之上。王菁等认为，人工智能的出现可以帮助财务人员区分有用与无用信息，及时、方便、科学地做出财务决策，这对企业的内部控制经营至关重要，余应敏等认为，财务机器人的应用必将进一步简化企业的管理流程、降低管理成本等，但同时基层会计将面临失业或转岗的压力，企业内部控制亦会面临新的难题。因此需要分析在企业内部控制中的应用与可能存在的风险，并探索规避风险的方法。

三、人工智能在内部控制中的应用

人工智能技术能给企业内部控制带来高效和便捷，因此被企业广泛应用。人工智能在内部控制中的主要应用于云计算平台、层次化数据处理、智能机器人、风险管控等方面。

（一）云计算平台

随着人工智能时代的到来，所有企业都需要改变传统的观念，向数据分析型企业转型，构建会计大数据分析平台，全过程、全方位、全员地利用数据。构建会计云平台的基础是构建大数据分析平台，这要求企业完善内部控制体制，调整好各个部门之间关系，形成一个灵活、可拓展、可延伸、易管理的云计算平台。

（二）层次化数据处理

人工智能对企业内部控制可以分为三个层次：第一层，对基层业务进行财务数据读取，并进行合规性检查；第二层，对数据进行分类、汇总与分析，完成数据的过滤性；第三层，借助人工智能实现异构化海量数据的处理，数据分析后自动生成分析报告。

（三）智能机器人

财务人工智能可以有效解决大量烦琐、机械化的财务工作，把复杂的财务信息分解成子信息，借助财务人工智能系统探索求解。比如德勤、普华永道、安永、毕马威都陆续引进适合自己业务的财务机器人。

（四）风险管控

人工智能可以使内部控制深入到企业经营各环节中去，提高内部控制效率，并能进行不同的内部控制风险预警处理，做到事前、事中、事后的三重防范，及时、准确地处理问题，使企业损失降到最低。

四、基于人工智能的内部控制潜在风险

人工智能技术给企业带来高效和便捷的同时，也引发了潜在的内部控制风险。可能产生的风险，主要表现在数据获取、信息泄露、人员舞弊、新兴技术、人才匮乏等方面。

（一）数据获取风险

系统或平台的业务，都是以既定的业务流程，将处理结果以某种形式进行展示。但在人工智能时代，按业务流程获取数据也极易出现获取的风险，数据获取结果的呈现往往导致知识产权安全的问题，如一级搜索引擎获取数据，后被多级挖掘数据背后的二级价值，再被一级搜索引擎引用，相互间的数据存在知识产权问题。

（二）信息泄露风险

目前环境条件下信息泄露事件频发，在案件处理中数据产权归属成为焦点。各行各业都涉及大量数据交互，任何一个企业信息泄露，不仅会对用户财产造成严重威胁，甚至会危及整个社会经济、政治、人文等的发展。所以，企业必须严把内部控制关，避免企业信息泄露。

（三）人员舞弊风险

人工智能的应用，需要各环节的互助协作，这就必然存在经办人员舞弊风险的控制问题。环节越多控制风险也会相应增大，企业应该根据不相容职务分离原则，制定严密的风险控制措施。如近期我国快递行业频发的客户信息被泄露事件，都是内部员工涉嫌盗窃用户信息数据。

（四）新兴技术风险

新兴技术由于项目不完全成熟，其运行系统本身固有的缺陷和问题，加上网络故障、基础设施、系统方案、人员操作等失误，会出现严重后果。企业对信息越依赖，系统出现问题后的损失也越大。如 2017 年 5 月 Windows 操作系统在全球范围爆发了勒索软件（WannaCry）感染事件，使全球 100 多个国家用户加密文件删除受损，多个行业遭受冲击。

（五）人才匮乏风险

大数据、人工智能的广泛应用，加速了各行业发展，同时也出现了人才缺乏的问题。企业往往会竭尽所能地去挖掘行业顶尖人才以适应企业发展的需要。据统计，目前大数据分析与处理人才缺口 2000 万左右，需要各个高校开设人工智能相关学科，尽快培养合适人才。

五、基于人工智能的内部控制风险防范

人工智能时代，企业内部控制在技术、制度、人才方面都面临着重要的机遇和挑战，因此，企业内部控制体系的构建必须要立足于技术发展、制度建设与人才培养，扩大内部控制的优势，防范内部控制的风险，使企业搭乘信息技术时代的顺风车，平稳、经济、高效地发展。

（一）加强政府监管，提供信息平台

政府运用大数据进行监督和管理，从层次和制度两方面进行。第一，在层次方面，政府要起带头引领作用。政府部门拥有大量数据，但向公众发布的数据极少，大部分数据的价值未得到发掘；政府要调动企业、单位、个人的积极性，共同设计大数据系统，建立大数据、物联网、平台三位一体的机制体系，挖掘深层价值。第二，在制度方面，政府要主导制度的规范建设。为了进一步提高数据的公信度，政府要主导建立健全法律制度，保证数据的获取、收集、分析、整理、储存、发布、决策、实施与监督等使用大数据全流程的准确性，推动大数据规范化发展。大数据规模大、时效强、密度大等特点决定了大数据预处理过程将很复杂。所以，政府必须推动大数据信息平台的整合，着力推进数据的收集与汇总制度，要以企业为主体，加大大数据的关键技术研发、产业发展和人才培养制度。同时，政府要在不降低信息质量的前提下，对公开数据进行预处理，兼顾公民隐私保密的问题。

（二）注重公司治理，严格管控风险

公司内部控制系统要从全局的角度出发，高度重视信息技术风险的治理，最大限度地利用资源。时刻保持风险管控意识，不仅要求技术的安全，还要重视安全的管理。

公司要建立长期战略目标体系，并且量化成中短期具体实施方案，从上到下建立信息安全体系，确保整个系统的整体性、延续性和稳定性，合理利用人工智能技术资源，恰当管控风险。使公司治理组织扁平化，责任归属到具体部门，制定风险防控保护等级机制，以最大限度地提高经济效益。

（三）培养风险意识，建立管控机制

企业要在风险控制框架下，建立适应人工智能环境的内部控制系统，有效管控风险。企业的内部控制应该以内控机构为主导，各个内控部门相协调。部门的每个一线人员都应该进行专业化的培训，明确企业的风险管控机制及营运目标，自觉运用风险控制手段来管控风险。这样才能在出现未知风险时，一线人员能在自己的控制责任范围内及时、有效地对风险进行处置，可以避免因层层上报不能及时处置而造成进一步损失。人工智能技术的实施可能会带来一些未知的风险，而这些未知风险的防范是机器人所不能解决的，还是需要风险管控人才进行处理。所以说，企业必须培养全员的风险意识，建立严密的风险管控决策机制。

（四）严控技术风险，提高预警能力

人工智能时代，企业的内部控制在很大程度上往往依赖机器管控，进而忽视技术部门人员的因素，存在技术安全与风险问题。控制技术风险应该做好以下几个方面：第一，适度授予处理风险的权力。只有给予参与人员一定的处理风险的权力，才能保证在风险出现时得到及时有效的把控，避免或减少企业可能遭受的风险损失。第二，保证技术的可靠性。企业在实施内部控制过程中，要保证控制技术的可靠性和可行性，要备有技术风险应急预案，有效控制风险。第三，加大技术资金投入。智能企业要走在技术的前面，必须建立专门的技术团队，这离不开资金的支持，企业应该着眼全局和长远，保证技术资金的投入。第四，提高内控的预警能力。企业应该加强对全员的培训，提高其风险意识和风险预警能力，可以借鉴国内外先进的内控系统，使出现的漏洞得到及时修复，规避控制风险。

（五）控制重点环节，保证系统安全

企业要对选择的人工智能相关软硬件进行严格审核，由内部控制部门联合内部各相关部门定期进行安全测试，并且在使用过程中对其运行的各项软硬件进行实时监控。对每个控制环节，尤其是控制的重点环节进行严格的监督，以保证内部控制系统的稳定和安全运行。内部控制部门还要与内控系统的设计开发、运行使用、维护保障等专业人员加强联系，联合开展内控系统的安全管理工作。

（六）加强安全合作，构建沟通机制

人工智能时代，企业之间的信息沟通机制往往是开放的，各企业都要密切关注市

场的变化，需要各企业从自身的优势资源出发，扬长避短，探寻企业发展的机遇，规避可能遇到的风险。在人工智能背景下，任何企业都不可能隔离于社会，都是瞬息万变的大环境中的一员，必须加强内部控制信息安全合作，及时发现信息数据安全漏洞，协同进行风险管控。

人工智能技术是社会科技进步的产物，由于它高效便捷的优势，在企业中已经得到了广泛的应用，尽管在运用中潜藏着内部控制的风险，但企业只要做好控制风险的防范，妥善对待其带来的机遇和挑战，建立人工智能系统的风险管控方案，企业就能搭上人工智能的快车，持续向前发展。

第三节　人工智能与社会控制

人工智能，已经广泛运用于技术领域的人力替代工作，同时开始运用于社会控制。社会是一个复杂系统，社会成员对社会体制存在顺从或者反抗的选择。因此，社会是需要控制的。人工智能为有效的社会控制提供了强有力的技术手段。人工智能对日常社会信息的收集、甄别、筛选与使用，为常态下的社会控制提供了人类智能所不及的便利，保障了社会控制的高效率。但人工智能并不能保证社会控制无条件奏效。基于常态的社会控制，人工智能可以发挥重要作用。但在社会控制失效、社会动荡和社会暴乱等社会失常的情况下，人工智能也对社会控制无能为力。对持续有效的社会控制而言，保证社会常态，杜绝社会失常，建构良序社会，是人类智能与人工智能交互作用，发挥社会控制效用的首要前提。

人类对人工智能（AI）的强烈期待，一方面是将人类从繁重的体力劳动中解放出来，另一方面是解决人类智能的不及而对人的发展发挥助力作用。但这些期待落实于社会进程中的时候，总是与社会控制（social control）紧密联系在一起的。因为迅速发展的先进技术，一旦与既定社会秩序不相吻合，必然会造成两种不合预期的后果：要么社会利用相关技术，维护社会秩序，让技术成为社会重构的工具；要么运用技术失当，技术颠覆社会秩序，进而让社会陷入紊乱状态。如何使人工智能这样的技术与社会发展、适当的社会控制吻合起来，便成为人们思考迅猛演进的人工智能与社会发展关系的一个重要切口。当下的社会控制，愈来愈依赖人工智能。但社会控制不能单纯仰赖人工智能。社会控制的有效性依赖于社会成员与社会机制的积极互动，也就是人类智能与人工智能的恰切互动。一旦社会控制超出社会的承受程度，再先进的人工智能也无法对一个失常社会加以管控。唯有成功建构一个良序社会，才能保证人工智能在社会控制中发挥人类预期的作用。

一、社会控制及其智能化

社会的构成是复杂的。因此，为了保证社会的基本秩序，社会需要进行控制。人们习惯于从简单到复杂的演进线索上看待社会的构成状态，这样的看法并不是针对社会构成复杂性的古今一致性而言的，而是针对复杂性程度高低而言的。相对于单个人、原初组织形态家庭，社会的构成本身一直就是复杂的，尤其是政治社会或者国家出现以后，社会构成的复杂程度陡然升高。可以说，社会构成就其存在形态来讲，历来就是复杂的；但社会构成在认知上的复杂性程度，则具有很大差异。尤其是在古今维度上看，更是如此。在古代社会中，人们对社会存在复杂的感知与认识，明显是有限的。这与古代社会存在大量尚待展开的社会因素有关，也与人们认知社会的理论积累薄弱相联系。随着社会要素自身内涵的渐次展开，以及人类自我认知的理论积累的逐渐厚实，社会复杂性的认知也就达到一个相应的高度。

社会的复杂性，以及建立在复杂性基础上的社会稳定性，从三个方面直接表现出来：一是需要建构良好的社会价值基础。价值偏好是人各相异的，群体之间的价值立场也有很大差异。因此，当社会需要建构良好价值基础的时候，如何协调个人、群体与社会之间的价值关系，就成为一项困扰人类的恒久事务。二是需要建构有序运作的社会制度体系。这一体系包含政治、经济、法律、文化、教育、技术等内容，这些社会要素相互间的制度安排及其适配性如何，决定了社会是否能够顺畅运转。三是需要建构社会日常生活世界的秩序。人的日常生活，一般不外油盐酱醋、衣食住行。但试图满足社会成员对此的日常需要，则不是一件容易的事情。它既需要成员之间的自发协调，也需要日常社会建制意义上的良风美俗，这是一个社会在日常生活世界长期磨合才能生长出来的底层秩序。如果一个社会确立了适宜的价值基础、建构了有效维护秩序的种种社会制度、确立了日常生活世界的良好秩序，那么，这个社会就是一个实现了善治的社会。反之，就是一个让人处在惊恐不安、无法安心生活，更不可能追求卓越的失序和无序状态之中的社会。面对这两种判然有别的社会状态，人们当然需要去精心设想、努力建构和全力维护一种有利于社会善治的秩序机制。这就使一种值得期待的社会控制机制成为必须。失去有效的社会控制，社会就会滑入失序或无序状态，这不能不让人警醒。

可见，社会控制是与社会的结构特征内在联系在一起的。由于社会成员之间在生存与发展上实际存在着巨大差异，为了获得各自所需要的资源进而展开的争夺势不可免。建构必要的社会、政治、法律秩序，有助于将这类争夺引导到一个有序而为的状态。否则，全无秩序的资源争夺，必然对一个社会建制的存续发生颠覆性作用。就此而言，社会控制就是一个建构与维护秩序、破坏与颠覆秩序的界限的驾驭问题。"社会系统不能认为是完善整合和自动调节的。在任何社会系统中，都将会有相互冲突的社会力量的操作，并且呈现辩证的发展。不同的行动者和阶级以不同程度和不同性质的方式关联于不协调的发展。这些由于制度设置的发展和操作影响产生的敌对行动者可能会表达他们的不利条件和被剥夺性，例如利用福利或平等（或其他的思想根据）的规范和价值观念。他们也可能被组织（或能够主动地组织，特别在民主社会）和动员起来采取社会行动改变制度设置或者至少（从他们的观点看）不合理的性质。这些活动常常把他们引进同那些利益和职责关联于系统再生产的人们的冲突之中。即冲突的发生涉及制度的维持（再生产）与制度的重建和可能的改革要求的对抗。因此这样的冲突能够干扰或阻止再生产过程，肇始社会改革的阶段。这是基于社会是一个宏大系统，因此必须对构成这一宏大系统的各个子系统加以调节和适当控制，否则社会这个宏大系统就难以顺畅运转，就有陷入混乱状态的危险。

社会控制的直接目的是维护既定的社会系统。但既定的社会系统，肯定会将社会成员区隔为这一系统的明显受益者、相对受益者与明显受损者、相对受损者两大部分，这两部分人群在认同既定社会系统或社会秩序的自我感觉与行为决断上具有显著差异：前者是维护既定社会系统的力量，尤其是明显受益者构成现存社会系统的坚定维护者；后者是不满既定社会系统的集群，尤其是明显受损者构成了现存社会系统的坚定破坏与颠覆者。基于此，社会学给出一种基于防范破坏既定社会规则人群的狭义社会控制理念。破坏既定社会规则，也就是破坏既定的社会控制秩序。按照程度来分，轻者成为人们眼中的越轨者，重者便成为触犯法律的犯罪分子。显然，为了维护社会秩序、社会规则，必须对这两类人进行有效的社会控制。针对越轨和犯罪的狭义社会控制，具有两种基本形式：一是内在社会控制；二是外在社会控制。就前者言，它寄望于个人对群体或社会规范的认同。一旦社会规范内化成功，一个人就会在有人或无人监视的情况下自觉自愿并且持续不断地守规。这对社会控制来讲，自然是最值得期待的结果。内在社会控制主要依赖于价值观念的塑造和内化。它对社会大多数人来讲，是观念与行动受控的主要途径；对越轨的防止和犯罪的改造来讲，也是最为深沉的内化动力。就后者论，主要依赖于社会制裁手段。这些制裁可以分为非正式的社会控制机制与正式的社会控制机制两类。前一方面主要呈现为个人所在群体的不赞成到群体的拒绝，以及对身体的惩罚；后一方面则主要呈现为专司社会控制之责的组织与职位的控制方式。如警官、法官、监狱看守、律师，以及立法官、社会工作者、教师、神职人员、精神病医师和医生，就是实施这类控制权的人格载体。这主要是针对越轨者、犯罪分子设计的社会控制机制。这类社会控制的目的——"旨在防止越轨并鼓励遵从"。

在既定的整体社会系统中，国家权力体系是维护这一系统、捍卫现存社会秩序的核心力量。在社会控制系统中，国家权力总是想方设法让社会中维护既定系统的力量受到鼓励，进而全力使社会中破坏与颠覆既定系统的力量受到强力抑制。同时，国家权力也致力激活社会中那些乐意或者愿意维护既定系统的各种能量，让社会成员和社会组织一起来同心协力延续既定社会系统。因此，国家会倾力设计行之有效的广义的社会控制系统，同时也会耗费不菲资源设计并实施狭义的社会控制体系，以期在社会宏观结构与实际运行建制上构造出有利维护社会秩序的社会控制机制。

在国家控制社会、社会自我控制的进程中，逐步形成了社会控制的实际体系。在构成形态上，社会控制体系长期呈现为主要依赖人类智能，引入控制技术手段的受限形式。这是技术革命爆发以前的基本状态。但对技术手段的设计与借重，一直是社会控制系统的显著特点。相关的技术手段呈现出从粗糙、稀少到精细、繁多的发展趋势。在古代社会，社会控制基本上依赖人类智能的完成，这是受政治社会或国家建构能够得到的技术支持手段与技术发展水平决定的情形。当时，政治社会的运行受宗教、政治、军事、法律等手段的支持，即可有效运行。但社会控制中对技术的低度引入是必需的。因为即便是古代社会的控制体系，也不可能完全依靠人力来完成，利用足以延伸人力强度与技巧的技术方式，就成为有效控制社会的必然。譬如通信上驿站的设置、军事上烽火的引入、社会上密谍的设立等等。随着技术在现代社会的迅猛发展，技术被广泛引入社会活动领域，社会控制的技术水平明显提高。在机械技术时代，社会控制领域大量借助机械制造物以改善人力不及的、处理繁重管理事务的技艺。在自动化技术时代，社会控制领域更是普遍借助各种自动化技术手段处置社会控制事宜。如今人类迈进人工智能技术突飞猛进发展的时代，社会控制借助种种人工智能技术，进入一个人类智能似乎有所不及的新阶段。

社会控制的智能化，是社会控制与技术系统紧密结合的必然结果。所谓社会控制智能化，一方面是指社会控制设计与运作过程中对人工智能的引入。譬如交通控制智能化水平的大为提高，大大缓解了人类智能直接设计交通控制系统时交通繁忙情况与控制能力低下的矛盾。在电脑模拟设计交通控制系统的条件下，交通疏导的效果得到显著改善。而人脸识别的启用，将长期得不到侦破的刑事案件一举破获，众所周知的北大学生弑母案主角、作案后消失三年之久的吴谢宇，就是机场人脸识别系统捕捉到他行踪的。数起杀人抢劫案犯罪嫌疑人、作案后逃亡二十多年的劳荣枝则是经由大数据分析现形的。另一方面，社会控制智能化则是指人工智能系统直接作为社会控制系统发挥作用，一般不再需要借助人类智能与人类体能发挥直接控制作用、维持社会秩序。譬如当今中国较具规模的城市社会中，日益发挥重要的社会控制效用的天眼系统。"天眼"数字远程监控系统通过企业内部互联网和国际互联网实现远程视频监控，主要适合于连锁店、幼儿园、家居、工厂、公安消防、银行、军事设施、高速公路、商场、酒店、旅游景点、小区、医院、监狱、码头港口等地。连通几乎所有公私场所的"天眼"，就其直接的数据收集而言，无需人力资源，就可以对这些场所的社会秩序发挥保障功能。可见，人工智能系统在社会控制的各个领域已经开始发挥广泛而直接的作用。

二、社会控制前提与智能化生效

社会控制尽管已经发展到智能化的阶段，但社会控制如何真正奏效，还是一个需要深入探析的问题。一方面，需要理性确认的一点是，社会控制并不是封闭自足的事务，它依赖于种种先设条件。这些条件包括：社会的建构是否公正，社会资源的占有与分配是否公平，社会活动主体之间的关系是否相对融洽，社会变革的渠道是否畅通，社会控制的目的是否是保护成员权利等等。另一方面，社会控制总是在社会既定系统足以自我维持的情况下，才有希望实现维护既定社会体系的目标。社会控制的效用需要扼住两个端点——社会的僵死局面、社会的结构崩溃——进而在两端之间展开社会愿意接受的控制过程，并在这一基点上使用可加利用的各种价值引导、制度安排和技术手段。再一方面，社会控制不是国家权力单方面的强加，而是构成广义上的国家各个方面的力量，如国家权力方面、市场组织方面与社会公众方面共同展开的控制互动。构成一个社会的诸要素之间，必须就此处在一个相对均衡的态势中，任何一方都不能占据绝对控制优势，以至于对其他各个方面实施一种控制威慑，并据此独占社会受到有效控制情况下的一切好处——如政治稳定情况下的权力、市场顺畅运转情形下的获利、社会井然有序情况下的礼赞等等。

仅从控制的直接视角看，社会控制得以实施的前提是"社会"接受控制。这不是同义反复的说辞。"社会"接受控制，需要从两个视角得到理解：一个视角就是加上引号的那个具有特殊含义的"社会"。这个"社会"是与国家相对而言的建制，是一个公民个体将加入政治共同体必须交付的权力给予国家以后，保留下来的特殊空间。生命、财产与自由是"社会"中活动着的公民个体不可褫夺的基本人权，他们的隐私不受侵犯，他们享受宪法和国家赋予的一切合法权利，他们有国家提供生存发展资源并享有公平对待的兜底福利。就此而言，私权的公共维护与公权的私人限制相对而在，不可偏废。与国家权力的依法治理相比较，"社会"的依法自治是其特点。在国家权力发挥社会控制作用的时候，其控制的目的在于保护"社会"，让一个受到保护、因此保有理性精神且秩序良好的"社会"与国家权力积极互动，进而有力维护现存社会系统。可见，国家的社会控制目的不是扼制、挤压或扼杀"社会"，而是培育、激活和扶持"社会"。

另一个视角则是"控制"。这里的"控制"，是一个中性词，而不是贬义词。作为中性词的控制，是指因势利导，让社会在一些管控举措下生成自生自发秩序，并由此形成更有利于社会安宁和谐与持续发展的扩展秩序。作为贬义词的控制，则是指国家权力以高压手段约束和强控社会，让社会全无抵抗能力、博弈能力与自治能力，只能臣服于权力的强制方式。就此而言，中性化的社会控制，便是能够发挥良好的社会作用的控制机制：一方面是因为社会意识到相应的控制机制对社会是有利的，即有利于维护社会秩序，有利于保障社会成员的安全，有助于社会成员寻求发展，让社会处于一个安宁有序、未来可期的状态。因此，"社会"愿意接受"控制"。另一方面是因为社会意识到相应的控制机制是人们可以忍耐的。社会控制无疑会触及社会成员的隐私，当人们认为被触及的隐私不影响正常生活的时候，他们对之是可以接受的；一旦人们认为自己的生活曝光于天下，自己成为一个全无秘密的行为体的时候，他们的忍耐程度就会下降，并且在心中郁积不满。假如社会出现一定程度的动荡，这种不满就会让人付诸行为，促成颠覆社会秩序的从众行动——其循序呈现为守规的社会运动到破坏性的社会运动多种形式。因此，控制"社会"必须严格把握可控的范围，不至于越界而为，触发与社会控制初衷相反的、破坏与颠覆社会秩序的结果。

人工智能广泛用于社会控制，是社会控制技术飞跃性发展的结果。社会控制的智能化，会收到人们此前意想不到的控制效果。在社会控制可能发挥作用的三个领域，即价值引导、制度建构与生活塑造三个领域中，其一，在价值世界里，软性的价值引导，即对人们的内在心灵世界的引导，仅从目前人工智能技术来讲，还显得有些无能为力。人工智能还无法对人的内心世界发挥管控作用，除非人脑神经科学有了全面和实质的突破，人工智能才可能在这一领域发挥作用。但硬性的价值引导，人工智能已经能够发挥人类智能难以发挥的作用。所谓硬性的价值引导，指的是经过全面的技术监控，让人信守规矩、不耽于胡思乱想，进而在社会主流价值体系面前循规蹈矩。这就是前述的社会内化控制方式可能达到的效果。这对社会秩序的维持来说，已经凸显了一个不同于人力控制的、采取人工智能控制的完全不同往昔的结果。

其二，在社会制度设置及其守持上，人工智能已经发挥出重要的作用。仅就前述"天眼"所及的领域来看，它在维护社会基本秩序上的作用，已经大大弥补了人类智能与体能的不足，而发挥出全天候、不停歇、无伤害、无失误的守护规则、维护秩序的作用。再如连锁店的监控明显强化了顾客的守规，大大减少了偷盗行为。幼儿园的监控明显有助于杜绝教师的不合规行为，保护了儿童受到周全照顾的权益。家居中的监控对财产、人身安全发挥了积极作用，降低了入室偷窃或者其他不合规则行为的概率。工厂的监控监督偷懒工人，促使工人合规工作，惩戒不合规行为的工人，并且有利于保护合规或积极工作的工人的权益。公安消防监控有利于防火安全、消防灭火。银行监控有助于保护客户利益、保证雇员合规作业。军事设施监控有利于保证提高军事安全水平、保障国家安全。高速公路监控促使人们合法驾驶、减少交通事故，提升交通事故处置速率。依此类推。可以结论性地讲，人工智能引入社会控制，确实可以发挥维护社会秩序的正面作用。至于在惩罚违法犯罪上发挥的积极作用，前已论及，不再赘述。

其三，在生活世界的秩序制定与维护上，人工智能也已经发挥了有力维护日常秩序的作用。由于人工智能监控体系的运作，在日常生活的公共空间中，人们深知自己的一言一行都受到监督，因此会对公共空间的规则保有高度的警觉。在这种情况下，人们会在全方位、高技术的"他律"环境中，谨言慎行，进而形成一种至少在形式上合规以至于秩序井然的公共空间行为态势。相对于没有监控的公共空间而言，人们处于一种自然、放松的状态中，可能在生活细节上更自我纵容，容易逾越公共规则的边界，带给他人以不便，造成公共规则的松弛，带来一些虽无重大伤害但却无益良风美俗的不利后果。

尽管人工智能对社会控制发挥了相当积极的作用，但它并不能直接保证社会受到全面、有效的控制——既维护社会秩序，也保有社会活力。原因在于，社会控制的"社会"接受状态，对社会控制效果发挥着决定性的影响。一个接受控制的"社会"，大致可以区分为三种社会存在情形：一是社会处在常态之下，公众接受社会控制的程度最为正常。这种常态可以简单描述为，社会处在既定社会系统自我维持的正常情形，没有遭遇社会风险与危机，而且社会控制出自理性设计，旨在维护公众利益、社会秩序和公平正义，因此公众心悦诚服地接受一般意义上的控制，并自觉践行相关控制规则。以此为前提，就会让社会控制处在国家权力、社会公众各方都满意的状态。可以说，社会常态是社会控制的先设条件。这是社会控制设计，也是人工智能引入社会控制的原初预期——社会常态，既是社会控制的起点，也是社会控制过程的着力点，更是社会控制的目的所在。

二是社会处在一定失序情境中，公众接受社会控制的程度有所降低。这种情况可以区分为两大类：一者，少数地区、一些领域，因为一些事件，导致抗拒或反对社会控制的情绪浮现。二者，不同地区、不少领域，因为相类事件，引发社会骚动，让社会控制处于废弛状态，并可能诱导社会公众抵制或颠覆社会控制。部分地区与领域的社会失序不是社会无序。但由于这些地区与领域无法保持社会常态，社会控制的效果会明显下降。在这种情况下，即便是高效的人工智能控制系统，所发挥的作用也会明显下降，甚至在失序的部分地区与领域显得无效。可以说，失序社会让人工智能也难有作为。譬如常态下商店的电子眼可以有效约束顾客的偷窃欲望，但在失序状态下，不仅无法防止偷盗，甚至对公开的抢掠也无可奈何，只能听之任之。除非国家暴力介入，除暴安良，才能恢复社会秩序。

三是社会处在严重失序情况下，社会拒绝接受任何控制，控制基本失效。一个社会只要不受全方位、高强度的持续挤压，以至于无法维持常态秩序，社会是不会拒绝接受控制的。如果社会控制长期处在高压控制之下，社会无法自我维持，失序无法自我修复，改革无法从容展开，那么，社会就会滑向一个逐步失常、失控并最终丧失秩序的轨道。在社会动荡、暴乱或者革命的状态下，人们已经陷入了反对、拒斥、破坏和颠覆现存秩序的狂热之中，既定秩序会丧失它曾经发挥的社会整合能力，曾经循途守辙的人们此时满心期盼的是新的社会秩序。在社会动乱的情况下，技术监控体系完全无法发挥常态下的作用，并且国家权力方面会担忧这一体系被反抗活动的组织者与行为者利用，甚至会关闭监控体系，直至下重手关闭互联网。人工智能的社会控制系统就此丧失它的社会效用。

可见，在社会控制的智能化时代，并不见得就降低了社会控制的难度。相反，应根据社会运转、社会变迁与社会周期调整社会控制，做到张弛有度、理性有效，才有希望保证社会控制智能化的满意效果。

三、驾驭风险

与所有社会控制手段一样，人工智能的社会控制方式，是着眼于人们普遍守法状态下的管控绩效而设计出的社会控制系统。这样的社会控制本身，需要经过预效性和实效性的检验，才能成为真正有利于维护社会秩序，激发社会活力的社会控制机制。对社会控制的人工智能机制来讲，其预效性，即预期的有效性，依赖于两个先设的条件：一是技术的有效性；二是社会接受人工智能控制的自愿性。就前者言，技术的有效性是与社会控制的适宜性内在联系在一起的。适宜性指的是与社会当下的控制需求比较一致的人工智能系统，它在技术上足以解决人力所不及的控制需要，并且不存在明显的技术风险，能够保证收到人力控制所不及的预期效果。就后者论，社会自愿接受人工智能的监控机制，是指让社会公众感受到这一控制机制带给人们的好处或者便利，其所必然存在的侵犯个人隐私的风险不至于赤裸表露并且引起人们的普遍反感，因此愿意接受无处不在、无时不有的人工智能监控。

就社会控制的人工智能技术来看，它有一个不断进步的技术发展过程。换言之，某一个阶段使用的人工智能控制技术，总有着便利性与缺陷性并存的特点。因此，当监控对象适应了这一控制技术并且发现其缺陷，或者社会公众活动方式发生了明显的重构，那么人工智能技术就必须在相应的技术进步条件下做出改进。否则，人工智能监控技术的有效性就会明显下降，以至于在技术上完全失效。这不是在社会发生动荡、失序与革命的情况下出现的技术风险，而是技术本身的发展风险。加之一种社会控制的人工智能技术本身，就存在反向的技术模仿，进而化解技术监控的控制力道，因此不仅降低技术监控的有效性，而且让一项技术成为反监控手段，甚至成为反向谋取利益的技术手段。银行支付系统中使用的人脸识别，就已经被人脸的仿真制造突破，失去了完整保证法律意义上的真实支付者利益的屏障作用，这项技术就此可能异化为侵害本应保护的合法网络支付者利益的违法犯罪手段。

就社会控制的人工智能引入所关联的社会公众自愿性来讲，试图保证他们对这种无处不在、无时不有的高技术监控心存的自愿心理，也是一个非常微妙、复杂的事情。社会心理并不是一个高度稳态的存在。相反，社会心理的变化速率之快，常常出乎人们的意料。尤其是在一个社会心理比较敏感的现实环境中，一个牵动社会公众的小事件，就很可能引发十分意外的社会震动、社会动荡，乃至于引发大规模的社会暴乱。先撇开人工智能因素来看这样的社会心态变化，就很容易为人们所理解。突尼斯2010年爆发的"茉莉花革命"，就是因为一个大学毕业生找不到工作而失业，他只好上街摆水果摊，但因警察认定他无照经营，并且没收了他的货物，他愤而自焚。结果引发了民众大规模的抗议，最后导致政府解体、总统流亡。而引入人工智能因素来看，突尼斯民众对社交媒体推特、脸书的利用，可以说是反向利用人工智能技术的一个例证。可见，社会是否自愿接受控制并不是一个定数，而是一个变数。这个变数从接受控制的数量上的变化，可以迅速演变为拒绝接受控制的实质性变化。因此，智能化的社会控制所依托的社会资源，是一个需要小心谨慎应对的问题。

社会的智能化控制，存在着种种需要认真面对的交错风险。譬如运用日益广泛的人脸识别系统，由于不仅仅是识别人脸，而是经由识别人脸，可以追踪人的身份信息、行动踪迹、财产、亲属匹配、社交圈子等等。由于人脸识别系统并不由国家统一监控，各种商业机构、社会组织都广泛使用这一系统，公民个人信息被分散掌握在这些人与机构的手中，他们如何使用如此庞大的公民数据，就成为一个随己所愿的事情。这样的使用定势，其中包含的巨大风险不言而喻。在人脸识别系统的实际推广中，安防与资本是两大推手，政府受便捷控制个人信息的吸引，成为激励两大推手勇于作为的最直接且有力的推动力量。这种三手相连的局面，让人脸识别系统在缺乏安全保障的情况下得到极速推广。其间所存在的民事与刑事风险之大，应当引起人们的高度重视。这还是在人脸识别这种人工智能社会控制技术处在国家有效掌控秩序条件下的风险，如果国家陷入某种失序和动荡的境地，这些智能控制得到的大量数据用于什么目的，便更是让人惊惧了。

为了防止社会常态下的人工智能控制风险，法学教授劳东燕明确指出，商业机构所使用的人脸识别，必须符合四个基本要求。"第一，收集方必须就相关信息与风险做明确而充分的告知，并且事先征得被收集人的同意。未经被收集人的明示同意，不得将个人数据以任何形式提供给第三方（包括政府部门），或者让第三方使用相应的数据。在涉及犯罪侦查或国家安全的场合，可以例外地予以允许，但需要严格限定适用条件与程序。第二，收集程序应当公开，并确保所收集的数据范围合乎应用场景的目的，未超出合理的范围。收集方不允许超范围地收集个人的面部数据，收集的范围应当符合相应适用场景的目的，并以合理与必要为原则。第三，收集方在收集个人的面部生物数据之后，应当尽好保管义务。收集方应尽合理的努力，对所收集的数据妥善保管；违反保管义务，应当承担相应的法律责任。同时，如果被收集人撤回同意，或者明确要求删除自己的数据，收集方应当对相应数据予以删除。第四，对人脸识别技术的应用场景，必须确保合法与合理，并避免侵入性过强的举措。收集方在特定场景中所收集的数据，原则上不允许运用于其他的场景，除非该场景是在合理的预见范围之内。如果擅自扩大或者改变数据的应用场景，收集方应当承担相应的法律责任。"这是从社会常态情境出发，针对商业机构使用人脸识别技术所具风险的一种较为周全的预防设想——只要商业部门遵纪守法，只要政府管控部门循法而治，只要社会还具有正常的施压机制，商业机构大面积违规使用人脸识别数据的可能性是不大的。即便商业机构因为主观故意或管理不善，导致人脸识别数据的违规违法使用，那也是属于可以有效惩治的风险。

商业机构的人脸识别之用于社会控制，其风险问题可以依赖立法机构、政府部门和社会组织的管控、干预和施压，也许是可以成功解决的人工智能社会控制风险问题。不过，正如社会失序常常是由旨在维护社会秩序，却失去控制方略的国家权力方面导致的一样，人脸识别这种社会控制手段，远超商业机构使用风险的恰恰是国家权力部门对之的使用。对一个现代的庞大政府体制而言，政府设计时预定的对内保护、对外御敌的双重功能，常常让政府生发一种无处不在、无时不有、无所不能的全智全能意欲。在面对一个更为庞大并且远为复杂的"社会"时，政府的管控积极性便呈现为一种对社会领域的全面侵入性，认为只有掌握关于社会的一切信息，政府才能发挥其统治与治理能力，从而实现建构政府的原初目的。

政府使用人脸识别技术的风险就潜藏在这样的积极作为理念之中。犹如前述，由于社会控制中引入人工智能，大大提高了社会管控的常态水准，因此，对激励管控者强化这样的管制手段，发挥了明显的刺激作用。犹如普通人对他人的一切具有好奇心一样，政府也对每个个体与群体的信息具有一种好奇心。因此，在公私场合安装的种种智能型的电子设备，便成为政府倾力收集它所感兴趣的一切信息的便利手段。它会利用法律赋予的权力，征用由商业机构采集的公民信息，结合政府自己用人工智能技术征集的信息，政府所拥有的公民信息，远非一般商业公司可以比拟。一般而言，在社会常态情形中，政府部门只会在这些大量的数据中甄别对自己有用的东西，而不是将之作为全方位、高强度控制公众的手段。政府之所以这样做，不是因为缺乏全面甄别信息的愿望，而是因为其他几个原因无以实施：一是因为没有必要；二是由于成本高企；三是源于效果不彰。一旦社会有任何政府认定难以把控的风吹草动，那么政府就会提高控制社会的广度与强度，相应对自己收集到的数据可能发挥的管控作用产生自觉。由此，政府对日常状态下的信息智能收集和非常情形下的信息智能利用，就具有了直接贯通的动力。

因此，有效控制人脸识别之类的智能技术风险，必须重视政府行为的合法化、规范化和合理性。一方面，在政府无法有效保证人脸识别之类的社会控制技术的安全性的情况下，政府不能冒险广泛使用和推广相关技术。否则政府就逾越了政治共同体建构政府的底线，既不能有效保护公民权利，并且可能侵害他们在成立政府时从未交付国家行使的三类基本权利（生命、财产、自由）。倘若政府一意孤行，不顾安全地监控公众信息，政府事实上就等于将自己置于社会的对立面，进而将自己安置在了一个对抗社会的危险地位上。另一方面，即使政府为了公众利益而合法、规范且合理地使用社会控制的人工智能技术，政府也必须将使用的范围、地点、方式、手段、目的等等，明白无误地交代给公众。政府不能以"钓鱼执法"为目的，对公众信息进行收集。再一方面，政府在惩治公民个体与社会组织的违法犯罪行为时，必须合法使用诸如人脸识别系统获得的有关信息，而且不能随意将犯罪嫌疑人或有关证人的信息暴露出来，置证人于危害安全的危险境地，置犯罪嫌疑人于无法合法申辩的险境。最后，政府在使用人工智能的社会控制技术的时候，必须承诺国家与社会的界限、承诺国家与公民个人之间的边界、承诺公私领域的结构性差异，进而只是在公共授权的公共领域中使用相关监控技术。进而从根本上保证人工智能监控手段是一种具有严格限制的社会控制手段，而不是一种无孔不入的、窒息社会生机的高压统治方式。

从现代社会视角看，当政府合法、合规、合理行使权力时，社会也就会处在一个安宁有序的状态。但政府总会受内外部困境影响，间歇性出现权力痉挛，因此无法一直保持一种高效、廉洁、有序、认同的状态。社会也会因此无法长久保持宁静、理性、守规、积极的状态。这就让人们意识到，社会运行是有周期的。社会周期呈现为制定规则、权力推行、绩效显现、效用衰变、抵制出现、抗拒加剧、规则失效、社会动荡、重构规则的不断继起、连续循环。当政府运行周期与社会运转周期在良性一端叠合的时候，国家便进入人们通称的黄金时期；当两个周期在恶性一端叠合的时候，国家便陷入危急状态，甚至掉进崩溃陷阱。社会控制必须避免坠入后一个极端。

需要明确指出的是，人工智能确实大大提高了社会控制的绩效。但越是有效的社会控制对"社会"所具有的压抑性，越是会让社会必需的分享喜悦与分担忧愁的情感受到显著抑制。分享喜悦与分担忧愁，是社会运行所必需的张弛结构。所谓"一张一弛之谓道"，对建构适当的社会控制机制，是极富教益的。一般而言，在社会控制的常态下，适度压抑社会不会导致令人担忧的负面后果。不过，社会受控长久，尤其是受人工智能的高强度控制太过持久，一直让社会的喜怒哀乐无处发泄，让社会情绪无法舒张，因此不断累积着社会的紧张，这种紧张就会按照一定的周期规律释放或者爆发。如果说按照周期规律释放与爆发的社会紧张，还不至于一下子导致社会失序、社会动荡或社会暴乱的话，那么另一种社会危险就必须高度警惕，才能预防或控制：这就是对社会的高强度控制，可能并不一定按照周期爆发，而是不知道在哪个时间、哪个地点、哪个事件上引爆社会危机。面对这样的社会危机、国家危难，基于机器设计的人工智能是完全无能为力的。就此而言，防止长期的高强度管控与防止偶然爆发的社会危机与国家危难，具有同等的重要性。

在社会常态下预防偶发性的社会危机与国家危难，需要理性设定应对社会问题的大思路：对一个国家高压管控具有较强适应性的社会来讲，人们一般都会对社会变迁规律失去敏感性。这样的社会，好似运行在一个波澜不惊的水平面上。人们会习惯性认定，除开少数铤而走险的人士或人群外，社会公众与国家权力都不必去想象其他形式的社会危机。其实，无论是国家与社会明确分流的现代机制，还是国家塑造社会而使两者打上明显的国家烙印的体制，都没有避开社会周期的可能。因为社会在主体与制度的构成上，具有明显的个体差异性、组织区隔性、制度不均衡性，它总是会出现程度不同的起伏与波动。为了让社会周期不至于陷于危机状态，必须为社会预留一个可以化解紧张、舒张压力的空间。就社会能够承受的角度看，一定要给出一个循规蹈矩的社会运动空间，而不能将社会运动看作一头怪兽而唯恐出现、全力扑灭。社会运动是一种高级形式的社会控制机制，给出社会运动的制度机制，既有利于释放社会紧张，又有利于在维护既定社会机制的基础上重整社会秩序。合法合规的社会运动与超越法规的社会动荡是不同的。社会运动可以完全处在法律约束范围，也有可能溢出法律界限偶发地出现违法行为，但不会出现普遍的颠覆国家与社会的行为。一旦社会陷入"法不责众"的乱局，那社会的失控就是必然出现的现象。当这种情况出现的时候，基于管控的人工智能之社会控制设计就会陷于失控状态。面对群情汹涌的社会动乱，再先进的人工智能社会控制系统对维护社会秩序也爱莫能助。

四、为良序社会整合人类智能与人工智能

社会状态总是在常态与非常态之间运行的，社会运行的周期性由此呈现给人们：两种状态总会因为某些机缘出现交替，而不会一直停留在一种状态上不出现任何变化。在人类采取种种举措致力于维护常态社会秩序的情况下，人工智能的引入，为提高维护既定社会秩序的成功率发挥了令人瞩目的推进作用。取决于人工智能是人类智能设计出来的结构性特征，人工智能并不能代替人类智能单独发挥有效的社会控制作用。

从目前情况来看，在总体上讲，人工智能乃是明确受限的技术。它之所以受到限制，一方面是技术的原因。人工智能是仿照人类智能的技术再造，它可以在机械重复的劳动上取代人类，这从广泛应用于工业生产活动中的智能机器手得到印证；也可以在某些智力游戏上胜过人类，这可以从 AlphaGo 战胜人类顶尖围棋手上得到证实；还可以在某些情感，比如尊重需要上，表现出不弱于人类的反应，这从机器人索菲亚在人类对"她"显出不尊重的时候表示不满上得到证实。但从总体上讲，智能机器装置的这些能力，都是遵守人类设计的既定程序做出的反应，并不是人类那样通过大脑做出的自主反应。即便未来智能机器人可能实现高度的人机融合，机器能够表现出某些自主反应环境的能力，展现机器自我生机的前景，其取人类而代之的可能性也不大。原因在于，人脑科学很难促成人脑复制的技术，这就是机器人终究只能是机器人，即接受

人类指令的"物",而不是"人"的终极理由。人脑的镜像神经元测定,可以最大限度地为人工智能的发展提供支持。但人的大脑做出反应的情感与社会机制是无法仿造的。因此也注定了高级智能机器人无法成为超越人类,并且反过来控制人类的存在物。即便人工智能专家对大规模的智能杀伤性武器忧心忡忡,因此担忧人类会不会成为人工智能的奴隶。但可以乐观预测,这些武器也是由人类操作,最终还需要人类出手解决彼此纠纷、战争危机与生命安顿问题。

另一方面限制人工智能的是社会原因。人工智能确实在诸多领域中取人类而代之,其来势凶猛,以至于让人胆战心惊地设想人工智能控制人类社会的可怕前景。谨慎地看,由于人工智能的发展正在急速展开,我们没有理由贸然宣布这些担忧属于杞人忧天。但这种危险具有某种社会抵抗的天生可能。人类社会的组成,并不仅仅是表面上的诸种制度的混合体,背后存在繁多而微妙的社会精微结构,并且一直在交错发挥作用,据此支撑起人类社会的广厦。从伦理学的视角对之的思考,增加了对类似人工智能产品的社会警觉性。更为重要的是,人类社会的进取机制可以增强人类智能胜过人工智能的信心。人类的创造力是无限的,如果我们的基本需求被机器人和人工智能满足,那么我们将找出娱乐、教育和照料他人的新方式。这种人类社会的自我突破,起码是目前人工智能发展水平上,还难以设想的人工智能的社会控制事宜。

再一方面限制人工智能的是政治原因。无疑,就目前世界先进国家来看,各国政府是明确鼓励发展人工智能技术的,而且在人工智能用于社会控制上,也迈出了极大的步伐。但是在人工智能用于社会控制会引发某种不可预知的危机意识引导下,即便是人工智能专家,也在呼吁政府加强对人工智能技术的监管。而政府方面也闻声而动,展开了以行政举措驾驭人工智能的尝试。人工智能发展极快的美国,便有不少城市禁止使用人脸识别系统。理由有二:一是技术的不成熟。美国的人脸识别,由于肤色差异,对白种人和黑种人的识别成功率差别很大。据报道,针对黑人女性的错误率达21%~35%,针对白人男性的错误率则低于1%,并且出现将国会议员识别为犯罪分子的荒唐事情。二是与一个国家的人文传统相关。在那些具有反对政府权力过于集中,对商业(科技)巨头垄断保有警觉的文化传统中,抵制人工智能的社会控制应用是自觉而强烈的;在那些各党派间政治和选战博弈的政治社会中,各种复杂的因素牵扯其中,政客(通过选举获得权力的人群)与官僚(经由文官制度在政府部门供职的人士),都会不约而同对人工智能的社会控制机制抱有警惕。因此城市当局拒绝使用人脸识别这种社会控制技术,就是可以理解的事情。

在 STS 即"科学、技术与社会"的研究传统中,研究者一向很看重科学研究、技术创新与社会发展之间的关联性,并且在三者的相关性中审查科技成果及其应用对社会可能造成的影响。无疑,人工智能技术构成当下 STS 的重大主题。而当人工智能技术应用于社会控制的时候,就更是必须在科学、技术与社会的边际关系上严格审查这一技术对社会带来的巨大影响，以及由此可能产生的种种社会与伦理风险。

从这个特定的角度讲，社会控制绝对不能单纯依赖人工智能技术。不宁唯是，何时、何地、以何种方式引入人工智能社会控制技术，在何种期待下、以多大范围和强度使用人工智能的控制技术，都需要人类智能来决定。因为在社会控制方面，只有人类智能才能够准确把握战略布局、时势针对、举措调适、因势利导、因果关系、接受程度、危机处置、开关系统等关乎社会控制的重大决策。以诱导社会、激活社会为共在目的的社会控制，更多依赖的是人类智能，而不是人工智能。为此，以良序社会的建构为目标，有效整合人类智能与人工智能，让社会控制进入一个良性轨道，便成为处置人工智能与社会控制关系的基本指南。

良序社会，是一个建立在公平正义基础上的社会。一个社会，当它不仅是在推进它的成员的利益，而且也有效地受着一种公共的正义观调节时，它就是一个良序的社会。亦即，它是一个这样的社会，在那里：每个人都接受，也知道别人接受同样的正义原则；基本的社会制度普遍地满足，也普遍为人所知地满足这些原则。在这种情况下，尽管人们可能相互提出过分的要求，他们总还承认一种共同的观点，他们的要求可以按这种观点来裁定。如果说人们对自己利益的爱好使他们必然相互提防，那么他们共同的正义感又使牢固的合作成为可能。在目标互异的个人中间，一种共有的正义观建立起公民友谊纽带，对正义的普遍欲望限制着对其他目标的追逐。我们可以认为，一种公共的正义观构成了一个良序的人类联合体的基本宪章。简而言之，良序社会是值得期待的现实社会形态，它建立在差异性合作的基础上，稳定在共同正义观的基石上，受到公民友谊纽带的强有力维系。这样的社会，显然不是任何受程序指引的人工智能所能够直接设计出来并加以有效维护的社会形式。这样的社会，只有依靠人类智能才能建构，也只有依赖人类智能才能继续。但人工智能提供的某些技术性支撑，可以在具体事务上极大优化人类对社会控制实际事务的处置。人工智能对人类智能的补充作用值得重视，对人类体能的有效替代值得礼赞。就此而言，以良序社会建构为目的，整合人类智能与人工智能，便成为高阶的社会控制的一个上佳出路。

第四节　人工智能算法自动化控制

在自动化控制系统中，人工智能的应用，有效改善了自动化控制系统中存在的问题，并提升了自动控制的精准度。

电气自动化目前是一门新兴的学科，主要对计算机应用、信息处理、系统运行、电气工程自动控制等领域进行研究。在具体进行电气自动化研究的过程中，通过人工智能算法的应用，进一步提高了自动化的运行效率、准确率。

一、人工智能算法概述

（一）人工智能技术与人工智能算法

伴随着计算机技术的进一步发展，计算机技术逐步与先进的生产技术进行融合，并在此基础上形成了智能化的生产技术。就现阶段而言，人工智能技术已经被广泛地应用到社会生产每一个领域中，有效地减少了社会生产中的人力、物力资源浪费现象，最大限度提高了资源的利用效率，并降低了生产成本。

人工智能是计算机科学的一个重要分支，主要是结合人的思维、模拟人的操作，将智能化系统置入机器人之中，确保其具备人类的思维和感知能力，能够很好地应对所遇到的各种情况。在人工智能技术的发展条件下，人工智能算法也随之出现。

人工智能算法也称为机器智能，是一门边缘性的学科。主要是通过智能机器人，利用技能机器人对人类的智能反应进行模拟。可以说，人工智能算法这门新型的学科，已经在语言、图像理解、遗传编程、机器人等领域中得到了广泛的应用。

（二）人工智能算法特点分析

人工智能算法融合了多个学科的知识，包括计算机科学、数学、哲学、认知科学等，并呈现出显著的特点，集中体现在以下四方面：①可靠性。主要体现在对人工智能算法语言高端智能电器数字化的应用系统进行了有效的结合，在具体进行计算的过程中，无须再使用其他的传统设备。如此一来，通过智能算法可对电力系统进行更加便利的操作，进一步提升了电力系统控制的效率、精准度，进而提高了工业生产的效率，促进了现代企业的进一步发展。②利用人工智能算法进行电气设计的过程中，无需对人工智能算法的控制对象的实际动态、非线性、参数变化等进行详细的了解。③在人工智能算法中，智能化的人工控制器、驱动器两者之间存在较强的一致性，可进一步提高人工智能算法预测的精准性。④在对控制器进行设计的过程中，通过人工智能算法，可以进一步提高其抗干扰能力，并增加信息和数据的适应性，使设计修改和设计扩展变得更加便利。

二、人工智能算法在自动化控制中具体应用

（一）人工智能算法在电气设备设计中应用

电气设备设计工作是一项复杂的、系统性的工作，其中涉及的知识相对比较多，对设计人员的知识水平、设计经验等要求相对比较高，同时在设计的过程中，还必须投入大量的人力、物力。但是在人工智能技术条件下，就可以充分利用 CAD 技术、人工智能算法，对电气设备设计过程中烦琐的计算、模拟环节进行快速、精准的计算。

可以说，通过人工智能算法在电气设备设计中的应用，进一步提升了设备设计方案的精准度、科学度，并且大大缩短了产品的开发周期。

人工智能算法在电气设备设计中应用的时候，重点表现在遗传算法上，因为这一算法较为先进，且计算结果精度较高。基于此，电气设备设计人员在使用人工智能算法的时候，必须要对设备进行科学的设计，并且确保设计人员的计算机水平、设计经验，以更好地利用人工智能算法进行电气设备设计。

（二）人工智能算法在电气设备控制中应用

在电气设备自动化过程中，电气控制过程十分关键，直接影响了整个电气化系统能否稳定和高效运行。在具体进行电气设备控制的过程中，由于其操作程序较为复杂，要求十分严格，对相关工作人员要求较高。在这种情况下，如何提高电气系统控制效率已经成为研究的重点。而在人工智能算法条件下，则可以对电气设备进行自动化控制，进而提升了控制的效率和质量，同时也在一定程度上减少了控制中的人力、物力和财力投入。

利用人工智能算法进行电气设备控制的过程中，主要体现在模糊控制、专家系统控制、神经网络控制三个方面。其中，模糊控制重点在于借助传统电气过程中的交流和自流传动进行，可取代 PI、PID 控制器的应用，并且模糊控制操作较为简单，与实际的联系较为紧密，应用范围较为广。

（三）人工智能算法在电力系统中应用

目前，不少规模较大的电气企业在对整个电力系统进行控制的过程中，都采用了 PLC 人工智能技术，利用这一人工智能技术对某个工艺流程进行有效的控制，进而实现了整个系统的安全、协调和稳定运行。同时，利用 PLC 人工智能技术进行电力系统控制，也在一定程度上提升了电气系统的生产效率，实现了系统的稳定性提升，进而大大提升了供电的稳定性和可靠性。

人工智能算法在电力系统中的应用，主要体现在四个方面，即启发式搜索、模糊集理论、专家系统和神经网络。其中，专家系统的程序非常复杂，里面融合了大量的专业规则、知识、经验等，并且运用专家的经验进行推理和判断，并在此基础上对专家的决策方法、决策过程和模式进行模拟，进而对需要解决的问题进行分解和解决。在转接系统中，主要包括咨询解释、推理机、知识库、人机接口、知识获取、数据库等几个重要的部分。在具体进行使用的过程中，必须要结合实际情况，对专家系统中的知识库、规则库等进行更新处理。

目前，人工智能算法在电气系统中应用的时候，主要体现在多种神经网络和训练算法上，并且该人工智能算法的存储方式、学习方式和分布方式的灵活性较高，可大规模地进行信息处理，并在复杂状态下进行功能分类和识别。神经系统则可以迅速对样本和模型进行分类，并构建一个周 / 日预测模型。在复杂的电力系统中，还可以利用元件的关联性分析、人工神经网络对故障进行诊断。

综上所述，人工智能算法是一种新型技术，是计算机信息技术发展到一定阶段的必然产物。通过人工智能技术在自动化控制中的应用，进一步提高了控制效率和精准度，并减少了人力、物力和财力的投入，大大提升了控制的效果。在未来，伴随着人工智能算法的进一步发展，必然会在自动化控制中发挥更加重大的作用。

第五节　人工智能电气自动化控制

人工智能技术依托于信息技术和计算机技术，在具体的应用过程中，利用传感器技术对信息进行采集，通过后续的智能化处理，实现自动化或半自动化的控制。随着工业化进程和现代技术的不断发展，电气自动化控制过程中的智能化技术的应用越来越多。人工智能作为一种新型的先进技术，在电气自动化控制过程中能够得到有效应用，使电气自动化控制稳准快的性能更好，其鲁棒性也能得到有效提升，但是具体的人工智能技术在电气自动化控制中有怎样的应用及应用发展方向和特点又是怎么样的，对此本节就对电气自动化控制过程中的人工智能技术的应用进行了研究和分析。

随着我国工业化水平进程的加快，新的技术不断出现，其中人工智能技术就是基于计算机的信息处理技术的一个新的发展方向。在电气自动化领域应用人工智能技术，可以使整体的电气自动化控制实现更有效的无人操控，同时操作也更加简便。自 1956 年人工智能概念被首次提出之后，对于人工智能的研究开始不断推进，人工智能涉及多个学科，其中包括计算机信息处理，技术仿生学等多个方面，是一个多元化学科。而本节主要分析的是将人工智能技术应用到电气自动控制之中，以实现整体的电气自动控制的有效化控制。

一、人工智能技术的应用优势和特点

随着人工智能技术的发展和信息技术等各方面新技术的出现，人们对于电气自动化控制有了更新的要求。对于电气自动化控制而言，人们要求更平稳的运行和相对优化的设计，从而减少整个系统过程中的能源消耗。对于整个系统的操作人员而言，在操作过程中要求良好的操作体验和安全性的保证，同时要求简化操作。在后续的发展过程中，人工智能技术的引入能够很好地解决电气自动化控制过程中后续发展的这些要求。

（一）人工智能技术的特点

人工智能技术在电气自动化控制的实践方面来讲，有利于减少在控制过程中的人力成本投入，对于实际的控制而言，人工智能技术的引入有利于降低控制环节的复杂性。同时对于提升控制效果和优化控制模型而言有着重要的应用。

1. 无人化控制

所谓无人化控制指的是在对电气自动化控制系统进行控制的时候，电气自动化控制系统能够在运行的过程中对出现的问题自动解决，在无人操作的情况下也能够正常运行，这就要求电气自动化系统需要拥有更高的稳定性、同时响应更快、精准度更高，对系统而言也要求具有较高的鲁棒性。人工智能技术在电气自动化控制方面的应用，其能够根据系统运行的状态和参数进行相应的分析，通过与预定参数进行比较，自动进行定期自动化控制系统的控制。根据所出现的问题及时做出对策，采取相应的解决措施完成问题的处理。这种特性就有利于无人控制和远程控制的实现。例如，无人工厂的控制，无人工厂中通过远程的控制设备实现生产控制；在设备运行监控室，设备主动发出警报，提醒工作人员注意安全问题等诸如此类的控制。

2. 减少控制模型的使用

在传统的控制中，主要是通过控制模型对电气系统进行控制，根据模型的反馈可以将模型分为开环系统和闭环系统。这种控制系统在进行实际控制的时候，过分依赖于控制模型的设计，当被控对象过于复杂时就会出现控制器无法控制的情况。

（二）人工智能技术在电气自动化中的应用优势

通过在电气自动化控制过程中引入人工智能技术，能够实现整体的电气自动化系统的有效控制，提高其控制的有效水平，增强其系统运行的稳定性。对于在整个系统中出现的问题而言，人工智能技术的引入能够将这些出现的问题及时解决。同时人工智能技术在运行过程中还能够对电气系统进行监控，对整体系统运行中的数据进行优化处理，从而实现整个系统的自我更新、自我进化，有效提升系统的学习能力和智能化水平。从而在后续的控制过程中降低控制的难度，提高控制的稳定性。

1. 更好地实现自动化控制

对于电气自动化系统的自动控制而言，在其进行控制的时候，通过调整电气系统的鲁棒性和响应时间、下降时间，可以对电气系统实现有效的控制。而在这部分进行控制的时候，智能化技术的引入可以大大减少人工的投入，通过在电气系统中建立反馈机制，以智能化技术对其中运行的参数进行监测和控制，当其运行参数偏离设定参数的时候，可以通过反馈通道对输入端进行调节，从而使电气系统在运行的时候能够更为平稳地运行，避免外界的噪声干扰。同时实现自动控制，减少其中的人工成本的投入。

这种通过人工智能技术引入的智能化控制系统能够更好地提升电气自动化系统的自动化水平，同时对于无人化控制和减少人力成本的投入而言都有积极的作用。就这方面来讲，人工智能技术在电气自动化控制领域的引入能够更好地实现其控制功能。

2. 更全面地调节系统的运行

人工智能技术在电气自动化领域的引入能够建立有效的监测机构和自动化调节机构。这其中主要体现在对电气系统的无人控制和出现问题的自动解决。在前文的分析中，已经提到通过应用人工智能技术可以实现对设备的远程控制和对故障的有效处理，将人工智能技术应用到电气自动化控制中来，可以有效提升电气系统对出现问题的调节效率。

3. 电气自动化控制的智能化发展的必然趋势

对于电气自动化控制而言，在未来的发展过程中，随着互联网技术和信息技术的融入，以及人工智能技术独特的优势和特点，引入人工智能技术可以使定期步伐控制在后续的控制过程中，整体系统实现节能化、简易化、人性化、可视化和信息化的整体要求。

第一，从节能化来讲，在现有的发展过程中人们对电气系统有了节能的要求，人工智能技术在电气自动化系统中的引入可以实现电气设备的联动，从而使能源的利用率得到进一步提高，从这方面来说人工智能技术能够满足电气系统在后续发展过程中的节能化要求。

第二，从可视化和信息化来讲，在电气系统的运行过程中，需要了解其运行状态和运行参数，对其运行数据进行处理，人工智能技术可以将电气系统运行过程中和控制过程中出现的问题和数据呈可视化展现在工作人员面前。这对于有效监控系统的运行和控制具有极为重要的意义。

二、人工智能技术在电气自动化控制中的应用

（一）在电气控制中的应用

对于电气自动化控制而言，电气控制是整个系统的核心部分。将人工智能技术引入电气控制之中可以有效地提升整个电子自动化系统的控制水平。由于人工智能技术在控制过程中的集中性较强，通过预先编制好的程序，可以使整个系统在运行过程中，对于出现的问题能够及时地反应和处理，从而减少在这方面的人力和物力的投入。而人工智能技术所提出的控制方式，包括神经网络控制、模糊控制和专家控制系统等，这些方面的有效控制，能够对电气控制系统在运行过程中所反馈的信息进行及时处理，从而提升了整个电气系统的控制效率和控制质量。

（二）在电气操作中的应用

现如今的工业化和现代化水平不断加快的过程中，对于电气设备的需求越来越高，因此在电气设备的运行过程中，保证整个电气设备能够稳定运行。在实际的操作过程中，应当遵循定期设备的规范操作。而在实际的操作过程中，对于电气设备的操作通常需要人来完成，这就使在整个操作过程中浪费了很多的时间和精力，而在人的操作过程中，由于注意力不集中或者操作不熟练，很容易对电气设备的操作造成误操作，对此将人工智能技术引入到电气设备的操作过程中，可以有效提升电气设备的操作效率和操作的步骤，使各方面得到简化；对此在电气设备操作过程中引入人工智能技术，能够改善电气操作的操作步骤和操作环境，避免了安全事故发生。

人工智能技术在电气自动化领域有着重要应用，其在电气自动化控制中的应用可以减少人力资源的浪费，降低系统运行的成本，简化系统的操作。同时对于整个电气系统的运行稳定性而言，其具有重要的意义和影响作用。

第三章　大数据概述

第一节　大数据发展历程

当前，全球大数据正进入加速发展时期，技术产业与应用创新不断迈向新高度。大数据通过数字化丰富要素供给，通过网络化扩大组织边界，通过智能化提升产出效能，不仅是推进网络强国建设的重要领域，更是新时代加快实体经济质量变革、效率变革、动力变革的战略依托。本节聚焦近期大数据各领域的进展和趋势，梳理主要问题并进行展望。在技术方面，重点探讨了近两年最新的大数据技术及其融合发展趋势；在产业方面，重点讨论了中国大数据产品的发展情况；在数据资产管理方面，介绍了行业数据资产管理、数据资产管理工具的最新发展情况，并着重探讨了数据资产化的关键问题；在安全方面，从多种角度分析了大数据技术工具面临的安全问题。

一、国际大数据发展概述

2019 年以来，全球大数据技术、产业、应用等多方面的发展呈现了新的趋势，也正在进入新的阶段。

（一）大数据战略持续拓展

近年来，国外大数据发展在政策方面未出现较大革新，只有美国的《联邦数据战略第一年度行动计划（*Federal Data Strategy Year-1 Action Plan*）》草案比较受到关注。2019 年 6 月 5 日，美国发布了《联邦数据战略第一年度行动计划》草案，这个草案包含了每个机构开展工作的具体可交付成果，以及由多个机构共同协作推动的政府行动，旨在阐述联邦机构如何利用计划、统计和任务支持数据作为战略资产来发展经济、提高联邦政府的效率、促进监督和提高透明度。

相对于三年前颁布的《联邦大数据研发战略计划》，美国对于数据的重视程度继续提升，并出现了聚焦点从"技术"到"资产"的转变，其中更是着重提到了金融数据和地理信息数据的标准统一问题。此外，配套文件中"共享行动：政府范围内的数据服务"成为亮点，针对数据跨机构协同与共享，从执行机构到时间节点都进行了战略部署。

早些时候，欧洲议会通过了一项决议，敦促欧盟及其成员国创造一个"繁荣的数据驱动经济"。该决议预计，到 2020 年，欧盟 GDP 将因更好的数据使用而增加 1.9%。但遗憾的是，据统计目前只有 1.7% 的公司充分利用了先进的数字技术。

拓宽和深入大数据技术应用是各国数据战略的共识之处。据了解，美国 2020 年人口普查有望采用差分隐私等大数据隐私保护技术来提高对个人信息的保护。英国政府统计部门正在探索利用交通数据，通过大数据分析，及时跟踪英国经济走势，提供预警服务，帮助政府进行精准决策。

（二）大数据底层技术逐步成熟

近年来，大数据底层技术发展呈现出逐步成熟的态势。在大数据发展的初期，技术方案主要聚焦于解决数据"大"的问题，Apache Hadoop 定义了最基础的分布式批处理架构，打破了传统数据库一体化的模式，将计算与存储分离，聚焦于解决海量数据的低成本存储与规模化处理。Hadoop 凭借其友好的技术生态和扩展性优势，一度对传统大规模并行处理器（Massively Parallel Processor，MPP）数据库的市场造成影响。同时当前 MPP 在扩展性方面不断突破（2019 年中国信通院大数据产品能力评测中，MPP 大规模测试集群规模已突破 512 节点），使 MPP 在海量数据处理领域又重新获得了一席之位。

MapReduce 暴露的处理效率问题以及 Hadoop 体系庞大复杂的运维操作，推动计算框架不断进行着升级演进。随后出现的 Apache Spark 已逐步成为计算框架的事实标准。在解决了数据"大"的问题后，数据分析时效性的需求越发突出，Apache Flink、Kafka Streams、Spark Structured Streaming 等近年来备受关注的产品为分布式流处理的基础框架打下了基础。在此基础上，大数据技术产品不断分层细化，在开源社区形成了丰富的技术栈，覆盖存储、计算、分析、集成、管理、运维等各个方面。据统计，目前大数据相关开源项目已达上百个。

（三）大数据产业规模平稳增长

具体来看，2016—2017 年，软件市场规模增速达到了 37.5%，在数值上超过了传统的硬件市场。随着机器学习、高级分析算法等技术的成熟与融合，更多的数据应用和场景正在落地，大数据软件市场将继续高速增长。相比之下，硬件市场增速最低，但仍能保持约 11.8% 的复合年均增长率。从整体占比来看，软件规模占比将逐渐增加，而硬件规模在整体的占比则逐渐减小，服务相关收益将保持平稳发展的趋势，软件与服务之间的差距将不断缩小。

（四）大数据企业加速整合

近年来，国际具有影响力的大数据公司也遭遇了变化。2018年10月，美国大数据技术巨头 Cloudera 和 Hortonworks 宣布合并。在 Hadoop 领域，两家公司的合并意味着"强强联手"，而在更加广义的大数据领域，则更像是"抱团取暖"。但毫无疑问，这至少可以帮助两家企业结束近十年的竞争，并且依靠垄断地位早日摆脱长期亏损的窘况。而从第三方的角度来看，这无疑会影响整个 Hadoop 的生态。开源大数据目前已经成为互联网企业的基础设施，两家公司合并意味着 Hadoop 的标准将更加统一，长期来看新公司的盈利能力也将大幅提升，并将更多的资源用于新技术。从体量和级别上来看，新公司将基本代表 Hadoop 社区，其他同类型企业将很难与之竞争。

2019年8月，HPE 收购大数据技术公司 MapR 的业务资产，包括 MapR 的技术、知识产权以及多个领域的业务资源等。MapR 创立于2009年，属于 Hadoop 全球软件发行版供应商之一。专家普遍认为，企业组织越来越多以云服务形式使用数据计算和分析产品是使 MapR 需求减少的重要原因之一。用户需求正从采购以 Hadoop 为代表的平台型产品，转向采购结合云化、智能计算后的服务型产品。这也意味着，全球企业级 IT 厂商的战争已经进入了一个新阶段，即满足用户从平台产品到云化服务，再到智能解决方案的整体需求。

（五）数据合规要求日益严格

近年来，各国在数据合规性方面的重视程度越来越高，但数据合规的进程仍任重道远。2019年5月25日，旨在保护欧盟公民的个人数据、对企业的数据处理提出了严格要求的《通用数据保护条例》（GDPR）实施满一周年，数据保护相关的案例与公开事件数量攀升，引起了诸多争议。

牛津大学的一项研究发现，GDPR 实施满一年后，未经用户同意而设置的新闻网站上的 Cookies 数量下降了22%。欧盟 EDPB 的报告显示，GDPR 实施一年以来，欧盟当局收到了约145000份数据安全相关的投诉和问题举报，共判处5500万欧元行政罚款。苹果、微软、Twitter、WhatsApp、Instagram 等企业也都遭到调查或处罚。

GDPR 正式实施之后，带来了全球隐私保护立法的热潮，并成功提升了社会各领域对于数据保护的重视。例如，2020年1月起，美国加州消费者隐私法案（CCPA）也将正式生效。与 GDPR 类似，CCPA 将对所有和美国加州居民有业务的数据商业行为进行监管。CCPA 在适用监管的标准上比 GDPR 更宽松，但是一旦满足被监管的标准，违法企业受到的惩罚更大。2019年8月份，OneTrust（第三方风险技术平台）对部分美国企业进行了 CCPA 准确度调查，结果显示，74% 的受访者认为他们的企业应该遵守 CCPA，但只有大约 2% 的受访者认为他们的企业已经完全做好了应对 CCPA 的准备。除加州 CCPA 外，更多的法案正在美国纽约州等多个州陆续生效。

二、融合成为大数据技术发展的重要特征

当前，大数据体系的底层技术框架已基本成熟。大数据技术正逐步成为支撑型的基础设施，其发展方向也开始向提升效率转变，向个性化的上层应用聚焦，技术的融合趋势越发明显。

（一）算力融合：多样性算力提升整体效率

随着大数据应用的逐步深入，场景越发丰富，数据平台开始承载人工智能、物联网、视频转码、复杂分析、高性能计算等多样性的任务负载。同时，数据复杂度不断提升，以高维矩阵运算为代表的新型计算范式具有粒度更细、并行更强、高内存占用、高带宽需求、低延迟高实时性等特点，以 CPU 为底层硬件的传统大数据技术无法有效满足新业务需求，出现性能瓶颈。

当前，以 CPU 为调度核心，协同 GPU、FPGA、ASIC 及各类用于 AI 加速 "xPU" 的异构算力平台成为行业热点解决方案，以 GPU 为代表的计算加速单元能够极大提升新业务计算效率。不同硬件体系融合存在开发工具相互独立、编程语言及接口体系不同、软硬件协同缺失等工程问题。为此，产业界试图从统一软件开发平台和开发工具的层面来实现对不同硬件底层的兼容，例如 Intel 公司正在设计支持跨多架构（包括 CPU、GPU、FPGA 和其他加速器）开发的编程模型 one API，它提供一套统一的编程语言和开发工具集来实现对多样性算力的调用，从根本上简化开发模式，针对异构计算形成一套全新的开放标准。

（二）流批融合：平衡计算性价比的最优解

流处理能够有效处理即时变化的信息，反映出信息热点的实时动态变化。而离线批处理则更能够体现历史数据的累加反馈。考虑到对于实时计算需求和计算资源之间的平衡，业界很早就有了 lambda 架构的理论来支撑批处理和流处理共同存在的计算场景。随着技术架构的演进，流批融合计算正在成为趋势，并不断在向更实时更高效的计算推进，以支撑更丰富的大数据处理需求。

流计算的产生来源于对数据加工时效性的严苛要求。数据的价值随时间流逝而降低时，我们就必须在数据产生后尽可能快地对其进行处理，比如实时监控、风控预警等。早期流计算开源框架的典型工具是 Storm，虽然它是逐条处理的典型流计算模式，但并不能满足 "有且仅有一次（Exactly-once）" 的处理机制。之后的 Heron 在 Storm 上做了很多改进，但相应的社区并不活跃。同期的 Spark 在流计算方面先后推出了 Spark Streaming 和 Structured Streaming，以微批处理的思想实现流式计算。而近年来出现的 Apache Flink，则使用了流处理的思想来实现批处理，很好地实现了流批融合的计算，国内包括阿里、腾讯、百度、字节跳动，国外包括 Uber、Lyft、Netflix 等公司都是

Flink 的使用者。2017 年由伯克利大学 AMPLab 开源的 Ray 框架也有类似的思想，由一套引擎来融合多种计算模式，蚂蚁金服基于此框架正在进行金融级在线机器学习的实践。

（三）TA 融合：混合事务 / 分析支撑即时决策

TA 融合是指事务（Transaction）与分析（Analysis）的融合机制。在数据驱动精细化运营的今天，海量实时的数据分析需求无法避免。分析和业务是强关联的，但由于这两类数据库在数据模型、行列存储模式和响应效率等方面的区别，通常会造成数据的重复存储。事务系统中的业务数据库只能通过定时任务同步导入分析系统，这就导致了数据时效性不足，无法实时地进行决策分析。

混合事务 / 分析处理（HTAP）是 Gartner 公司提出的一个架构，它的设计理念是为了打破事务和分析之间的"墙"，实现在单一的数据源上不加区分地处理和分析任务。这种融合的架构具有明显的优势，可以避免频繁的数据搬运操作给系统带来额外的负担，减少数据重复存储带来的成本，从而及时高效地对最新业务操作产生的数据进行分析。

（四）模块融合：一站式数据能力复用平台

大数据的工具和技术栈已经相对成熟，大公司在实战经验中围绕工具与数据的生产链条、数据的管理和应用等逐渐形成了能力集合，并通过这一概念来统一数据资产的视图和标准，提供通用数据的加工、管理和分析能力。

数据能力集成的趋势打破了原有企业内的复杂数据结构，使数据和业务更贴近，并能更快地使用数据驱动决策。其主要针对性地解决三个问题：一是提高数据获取的效率；二是打通数据共享的通道；三是提供统一的数据开发能力。这样的"企业级数据能力复用平台"是一个由多种工具和功能组合而成的数据应用引擎、数据价值化的加工厂，来连接下层的数据和上层的数据应用团队，从而形成敏捷的数据驱动精细化运营的模式。阿里巴巴提出的"中台"概念和华为公司提出的"数据基础设施"概念都是模块融合趋势的印证。

（五）云数融合：云化趋势降低技术使用门槛

大数据基础设施向云上迁移是一个重要的趋势。各大云厂商均开始提供各类大数据产品以满足用户需求，并纷纷构建自己的云上数据产品。早期的云化产品大部分是对已有大数据产品的云化改造，现在，越来越多的大数据产品从设计之初就遵循了云原生的概念进行开发，生于云、长于云，更适合云上生态。

向云化解决方案演进的最大优点是用户不用再操心如何维护底层的硬件和网络，能够更专注于数据和业务逻辑，在很大程度上降低了大数据技术的学习成本和使用门槛。

（六）数智融合：数据与智能多方位深度整合

大数据与人工智能的融合主要体现在大数据平台的智能化与数据管理的智能化。

智能的平台：用智能化的手段来分析数据是释放数据价值的高阶之路，但用户往往不希望在两个平台间不断地搬运数据，这促成了大数据平台和机器学习平台深度整合的趋势，大数据平台在支持机器学习算法之外，还将支持更多的 AI 类应用。Databricks 公司为数据科学家提供一站式的分析平台 Data Science Workspace，Cloudera 公司也推出了相应的分析平台 Cloudera Data Science Workbench。2019 年底，阿里巴巴基于 Flink 开源了机器学习算法平台 Alink，并已在阿里巴巴搜索、推荐、广告等核心实时在线业务中有广泛实践。

智能的数据治理：数据治理的输出是人工智能的输入，即经过治理后的大数据。AI 数据治理，是通过智能化的数据治理使数据变得智能，即通过智能元数据感知和敏感数据自动识别，对数据自动分级分类，形成全局统一的数据视图。通过智能化的数据清洗和关联分析，把关数据质量，建立数据血缘关系。数据能够自动具备类型、级别等标签，在降低数据治理复杂性和成本的同时，得到智能的数据。

三、大数据产业蓬勃发展

近年来，中国大数据产业蓬勃发展，融合应用不断深化，数字经济质量提升，对经济社会的创新驱动、融合带动作用显著增强。

（一）大数据产业发展政策环境日益完善

产业发展离不开政策支撑。中国政府高度重视大数据的发展。自 2014 年以来，中国国家大数据战略的谋篇布局经历了四个阶段。

（1）预热阶段：2014 年 3 月，"大数据"一词首次写入政府工作报告，为中国大数据发展的政策环境搭建开始预热。从这一年起，"大数据"逐渐成为各级政府和社会各界的关注热点，中央政府开始提供积极的支持政策与适度宽松的发展环境，为大数据发展创造机遇。

（2）起步阶段：2015 年 8 月 31 日，国务院正式印发了《促进大数据发展行动纲要》（国发〔2015〕50 号），成为中国发展大数据的首部战略性指导文件，对包括大数据产业在内的大数据整体发展做出了部署，体现出国家层面对大数据发展的顶层设计和统筹布局。

（3）落地阶段：《十三五规划纲要》的公布标志着国家大数据战略的正式提出，彰显了中央对于大数据战略的重视。2016 年 12 月，工信部发布《大数据产业发展规划（2016—2020 年）》，为大数据产业发展奠定了重要的基础。

（4）深化阶段：随着国内大数据迎来全面良好的发展态势，国家大数据战略也开始走向深化阶段。2017年10月，党的十九大报告中提出推动大数据与实体经济深度融合，为大数据产业的未来发展指明方向。12月，中央政治局就实施国家大数据战略进行了集体学习。2019年3月，政府工作报告第六次提到"大数据"，并且有多项任务与大数据密切相关。

自2015年国务院发布《促进大数据发展行动纲要》系统性部署大数据发展工作以来，各地陆续出台促进大数据产业发展的规划、行动计划和指导意见等文件。截至目前，除港澳台外，全国31个省（区、市）均已发布了推进大数据产业发展的相关文件。可以说，中国各地推进大数据产业发展的设计已经基本完成，陆续进入了落实阶段。梳理31个省级行政区划单位的典型大数据产业政策可以看出，大部分省（区、市）的大数据政策集中发布于2016年至2017年。而在近几年发布的政策中，更多的地方将新一代信息技术整体作为考量，并加入了人工智能、数字经济等内容，进一步地拓展了大数据的外延。同时，各地在颁布大数据政策时，除注重大数据产业的推进外，也在更多地关注产业数字化政务服务等方面，这也体现出了大数据与行业应用结合及政务数据共享开放近年来取得的进展。

（二）各地大数据主管机构陆续成立

近年来，部分省（市）陆续成立了大数据局等相关机构，对包括大数据产业在内的大数据发展进行统一管理。以省级大数据主管机构为例，从2014年广东省设立第一个省级大数据局开始，截至2019年5月，共有14个省级地方成立了专门的大数据主管机构。

除此之外，上海、天津、江西等省（市）组建了上海市大数据中心、天津市大数据管理中心、江西省信息中心（江西省大数据中心），承担了一部分大数据主管机构的功能。部分省级以下的地方政府也相继组建了专门的大数据管理机构。根据黄璜等人的统计，截至2018年10月已有79个副省级和地级城市组建了专门的大数据管理机构。

（三）大数据技术产品水平持续提升

从产品角度来看，目前大数据技术产品主要包括大数据基础类技术产品（承担数据存储和基本处理功能，包括分布式批处理平台、分布式流处理平台、分布式数据库、数据集成工具等）、分析类技术产品（承担对于数据的分析挖掘功能，包括数据挖掘工具、bi工具、可视化工具等）、管理类技术产品（承担数据在集成、加工、流转过程中的管理功能，包括数据管理平台、数据流通平台等）等。中国在这些方面都取得了一定的进展。

中国大数据基础类技术产品市场成熟度相对较高。一是供应商逐渐增多，从最早只有几家大型互联网公司发展到目前的近60家公司可以提供相应产品，覆盖了互联网、金融、电信、电力、铁路、石化、军工等不同行业；二是产品功能日益完善，根据中国信通院的测试，分布式批处理平台、分布式流处理平台类的参评产品功能项通过率均在 95% 以上；三是大规模部署能力有很大突破，例如阿里云 MaxCompute 通过了 10000 节点批处理平台基础能力测试，华为 GaussDB 通过了 512 台物理节点的分析型数据库基础能力测试；四是自主研发意识不断提高，目前有很多基础类产品源自对于开源产品进行的二次开发，特别是分布式批处理平台、流处理平台等产品九成以上基于已有开源产品开发。

中国大数据分析类技术产品发展迅速，个性化与实用性趋势明显。一是满足跨行业需求的通用数据分析工具类产品逐渐应运而生，如百度的机器学习平台 Jarvis、阿里云的机器学习平台 PAI 等；二是随着深度学习技术的相应发展，数据挖掘平台从以往只支持传统机器学习算法转变为额外支持深度学习算法以及 GPU 计算加速能力；三是数据分析类产品易用性进一步提升，大部分产品都拥有直观的可视化界面以及简洁便利的交互操作方式。

中国大数据管理类技术产品还处于市场形成的初期。目前，国内常见的大数据管理类软件有 20 多款。数据管理类产品虽然涉及的内容庞杂，但技术实现难度相对较低，一些开源软件如 Kettle、Sqoop 和 Nifi 等，为数据集成工具提供了开发基础。中国信通院测试结果显示，参照囊括功能全集的大数据管理软件评测标准，所有参评产品符合程度均在 90% 以下。随着数据资产的重要性日益突出，数据管理类软件的地位也将越来越重要，未来将机器学习、区块链等新技术与数据管理需求结合，还有很大的发展空间。

（四）大数据行业应用不断深化

前几年，大数据的应用还主要在互联网、营销、广告等领域。这几年，无论是从新增企业数量、融资规模还是应用热度来说，与大数据结合紧密的行业逐步向工业、政务、电信、交通、金融、医疗、教育等领域广泛渗透，应用逐渐向生产、物流、供应链等核心业务延伸，涌现了一批大数据典型应用，企业应用大数据的能力逐渐增强。电力、铁路、石化等实体经济领域龙头企业不断完善自身大数据平台建设，持续加强数据治理，构建起以数据为核心驱动力的创新能力，行业应用"脱虚向实"趋势明显，大数据与实体经济融合不断加深。

电信行业方面，电信运营商拥有丰富的数据资源。数据来源于移动通话和固定电话、无线上网、有线宽带接入等业务，也涵盖线上线下渠道在内的渠道经营相关信息，所服务的客户涉及个人客户、家庭客户和政企客户。三大运营商 2019 年以来在大数据应用方面都走向了更加专业化的阶段。电信行业在发展大数据上有明显的优势，主要体现在数据规模大、数据应用价值持续凸显、数据安全性普遍较高。2019 年，三大运营商都已经完成了全集团大数据平台的建设，设立了专业的大数据运营部门或公司，实施数据价值释放的新举措。通过对外提供领先的网络服务能力、稳定的数据平台架构和数据融合应用能力、高效可靠的云计算基础设施和云服务能力，打造数字生态体系，加速非电信业务的变现能力。

金融行业方面，随着金融监管日趋严格，通过金融大数据规范行业秩序并降低金融风险逐渐成为金融大数据的主流应用场景。同时，各大金融机构由于信息化建设基础好、数据治理起步早，使金融业成为数据治理发展较为成熟的行业。

互联网营销方面，随着社交网络用户数量不断扩张，利用社交大数据来做产品口碑分析、用户意见收集分析、品牌营销、市场推广等"数字营销"应用，将是未来大数据应用的重点。电商数据可以直接反映用户的消费习惯，具有很高的应用价值。伴随着移动互联网流量见顶，以及广告主营销预算的下降，如何利用大数据技术帮助企业更高效地触达目标用户成为行业最热衷的话题。"线下大数据""新零售"的概念日渐火热，但其对于个人信息保护方面存在漏洞，也使合规性成为这一行业发展的核心问题。

工业方面，工业大数据是指在工业领域里，在生产链过程包括研发、设计、生产、销售、运输、售后等各个环节中产生的数据总和。随着工业大数据成熟度的提升，工业大数据的价值挖掘也逐渐深入。目前，各个工业企业已经开始进行数据全生命周期的数据资产管理，逐步提升工业大数据成熟度，深入工业大数据价值挖掘。

能源行业方面，2019 年 5 月，国家电网大数据中心正式成立，该中心旨在打通数据壁垒、激活数据价值、发展数字经济，实现数据资产的统一运营，推进数据资源的高效使用。这是传统能源行业拥抱大数据应用的一次机制创新。

医疗健康方面，医疗大数据成为 2019 年大数据应用的热点方向。2018 年 7 月颁布的《国家健康医疗大数据标准、安全和服务管理办法》为健康行业大数据服务指导了方向。电子病历、个性化诊疗、医疗知识图谱、临床决策支持系统、药品器械研发等成为行业热点。

除以上行业之外，教育、文化、旅游等各行各业的大数据应用也都在快速发展。中国大数据的行业应用更加广泛，正加速渗透到社会的方方面面。

四、数据资产化步伐稳步推进

在党的十九届四中全会上，中央首次公开提出"健全劳动、资本、土地、知识、技术、管理和数据等生产要素按贡献参与分配的机制"。这是中央首次在公开场合提出数据可作为生产要素按贡献参与分配，反映了随着经济活动数字化转型加快，数据对提高生产效率的乘数作用凸显，成为最具时代特征新生产要素的重要变化。

（一）数据：从资源到资产

"数据资产"这一概念是由信息资源和数据资源的概念逐渐演变而来的。信息资源是在 20 世纪 70 年代计算机科学快速发展的背景下产生的，信息被视为与人力资源、物质资源、财务资源和自然资源同等重要的资源，高效经济地管理组织中的信息资源是非常必要的。数据资源的概念是在 20 世纪 90 年代伴随着政府和企业的数字化转型产生的，是有含义的数据集结到一定规模后形成的资源。数据资产在 21 世纪初大数据技术的兴起背景下产生，并随着数据管理、数据应用和数字经济的发展而普及。

中国信通院在 2017 年将"数据资产"定义为"由企业拥有或者控制的，能够为企业带来未来经济利益的，以一定方式记录的数据资源"。这一概念强调了数据具备的"预期给会计主体带来经济利益"的资产特征。

（二）数据资产管理理论体系仍在发展

数据管理的概念是伴随着 20 世纪 80 年代数据随机存储技术和数据库技术的使用而诞生的，主要指在计算机系统中的数据可以被方便地存储和访问。经过 40 年的发展，数据管理的理论体系主要形成了国际数据管理协会（DAMA）、数据管理能力成熟度评估模型（DCMM）和数据管控机构（DGI）所提出的三个流派。

然而，以上三种理论体系都是大数据时代之前的产物，其视角还是将数据作为信息来管理，更多的是为了满足监管要求和企业考核，并没有从数据价值释放的维度来考虑。

在数据资产化背景下，数据资产管理是在数据管理基础上的进一步发展，可以视作数据管理的"升级版"。主要区别表现为以下三方面：一是管理视角不同，数据管理主要关注的是如何解决问题数据带来的损失，而数据资产管理则关注如何利用数据资产为企业带来价值，需要基于数据资产的成本、收益来开展数据价值管理。二是管理职能不同，传统数据管理的管理职能包含数据标准管理、数据质量管理、元数据管理、主数据管理、数据模型管理、数据安全管理等，而数据资产管理针对不同的应用场景和大数据平台建设情况，增加了数据价值管理和数据共享管理等职能。三是组织架构不同，在"数据资源管理转向数据资产管理"的理念影响下，相应的组织架构和管理制度也有所变化，需要有更专业的管理队伍和更细致的管理制度来确保数据资产管理的流程性、安全性和有效性。

（三）各行业积极实践数据资产管理

各行业实践数据资产管理普遍经历 3 ～ 4 个阶段。最初，行业数据资产管理主要是为了解决报表和经营分析的准确性，并通过建立数据仓库实现。随后，行业数据资产管理的目的是治理数据，管理对象由分析域延伸到生产域，并在数据库中开展数据标准管理和数据质量管理。随着大数据技术的发展，企业数据逐步汇总到大数据平台，形成了数据采集、计算、加工、分析等配套工具，建立了元数据管理、数据共享、数据安全保护等机制，并开展了数据创新应用。而目前，许多行业的数据资产管理已经进入到数据资产运营阶段，数据成为企业核心的生产要素，不仅满足企业内部各项业务创新，还逐渐成为服务企业外部的数据产品。企业也积极开展如数据管理能力成熟度模型（DCMM）等数据管理能力评估工作，不断提升数据资产管理能力。

金融、电信等行业普遍在 2000 年至 2010 年间就开始了数据仓库建设（简称数仓建设），并将数据治理范围逐步扩展到生产域，建立了比较完善的数据治理体系。2010年通过引入大数据平台，企业实现了数据的汇聚，并逐渐向数据湖发展。内部的数据应用较为完善，不少企业逐渐在探索数据对外运营和服务。

（四）数据资产管理工具百花齐放

数据资产管理工具是数据资产管理工作落地的重要手段。由于大数据技术栈中开源软件的缺失，数据资产管理的技术发展没有可参考的模板，工具开发者多从数据资产管理实践与项目中设计工具架构，各企业数据资产管理需求的差异化使数据资产管理工具的形态各异。因此，数据资产管理工具市场呈现百花齐放的状态。数据资产管理工具可以是多个工具的集成，并以模块化的形式集中于数据管理平台。

元数据管理工具、数据标准管理工具、数据质量管理工具是数据资产管理工具的核心，数据价值工具是数据资产化的有力保障。中国信通院对数据管理平台的测试结果显示，数据管理平台对于元数据管理工具、数据标准管理工具和数据质量管理工具的覆盖率达到了100%，这些工具通过追踪记录数据、标准化数据的关键活动，有效地管理了数据，提升了数据的可用性。与此同时，主数据管理工具和数据模型管理工具的覆盖率均低于20%，其中主数据管理多以解决方案的方式提供服务，而数据模型管理多在元数据管理中实现，或以独立工具在设计数据库或数据仓库阶段完成。超过80%的数据价值工具以直接提供数据源的方式进行数据服务，其他的数据服务方式包括数据源组合、数据可视化和数据算法模型等。超过95%的数据价值工具动态展示数据的分布应用和存储计算情况，但仅有不到10%的工具量化数据价值，并提供数据增值方案。

未来，数据资产管理工具将向智能化和敏捷化发展，并以自助服务分析的方式深化数据价值。Gartner 公司在 2019 年关于分析商务智能软件市场的调研报告中显示，该市场在 2018 年增长了 11.7%，而基于自助服务分析的现代商务智能和数据科学平台分别增长了 23.3% 和 19%。随着数据量的增加和数据应用场景的丰富，数据间的关系变得更加复杂，问题数据也隐藏于数据湖中难以被发觉。以智能化的探索梳理结构化数据、非结构化数据间的关系将节省巨大的人力，快速发现并处理问题数据也将极大地提升数据的可用性。在数据交易市场尚未成熟的情况下，通过扩展数据使用者的范围，提升数据使用者挖掘数据价值的能力，将最大限度地开发和释放数据价值。

（五）数据资产化面临诸多挑战

目前，困扰数据资产化的关键问题主要包括数据确权困难、数据估值困难和数据交易市场尚未成熟。

（1）数据确权困难。明确数据权属是数据资产化的前提，但目前在数据权利主体以及权利分配上存在诸多争议。数据权不同于传统物权。物权的重要特征之一是对物的直接支配，但数据权在数据的全生命周期中有不同的支配主体，有的数据产生之初由其提供者支配，有的产生之初便被数据收集人支配（如微信聊天内容、电商消费数据、物流数据等）；在数据处理阶段被各类数据主体支配。原始数据只是大数据产业的基础，其价值属性远低于集合数据为代表的增值数据所产生的价值。

因此，法律专家们倾向于将数据的权属分开，即不探讨整体数据权，而是从管理权、使用权、所有权等维度进行探讨。而由于数据目前从法律上尚没有被赋予资产的属性，所以数据所有权、使用权、管理权、交易权等权益没有被相关的法律充分认同和明确界定。数据也尚未像商标、专利一样，有明确的权利申请途径、权利保护方式等，对于数据的法定权利，尚未有完整的法律保护体系。

（2）数据估值困难。影响数据资产价值的因素主要有质量、应用和风险三个维度。质量是决定数据资产价值的基础，合理评估数据的质量水平，才能对数据的应用价值进行准确预测；应用是数据资产形成价值的方式，数据与应用场景结合才能贡献经济价值；风险则是指在法律和道德等方面存在的限制。

目前，常用的数据资产估值方法主要有成本法、收益法和市场法三类。成本法从资产的重置角度出发，重点考虑资产价值与重新获取或建立该资产所需成本之间的相关程度；收益法基于目标资产的预期应用场景，通过未来产生的经济效益的折现来反映数据资产在投入使用后的收益能力，而根据衡量无形资产经济效益的不同方法又可具体分为权利金节省法、多期超额收益法和增量收益法；市场法则是在相同或相似资产的市场可比案例的交易价格的基础上，对差异因素进行调整，以此反映数据资产的市场价值。

评估数据资产的价值需要考虑多方面因素。数据的质量水平、不同的应用场景和特定的法律道德限制均对数据资产价值有所影响。虽然目前已有从不同角度出发的数据资产估值方法，但在实际应用中均存在很多问题，有其适用性的限制。构建成熟的数据资产评价体系，还需要以现有方法为基础框架，进一步探索在特定领域和具体案例中的适配方法。

（3）数据交易市场尚未成熟。2014年以来，国内出现了一批数据交易平台，各地方政府也成立了数据交易机构，包括贵阳大数据交易所、长江大数据交易中心、上海数据交易中心等。同时，互联网领军企业也在积极探索新的数据流通机制，提供了行业洞察、营销支持、舆情分析、引擎推荐、API 数据市场等数据服务，并针对不同的行业提出了相应的解决方案。

但是，由于数据权属和数据估值的限制，以及数据交易政策和监管的缺失等因素，目前国内的数据交易市场尽管在数据服务方式上有所丰富，却在发展上依然面临诸多困难，阻碍了数据资产化的进程。主要体现在以下两点：一是市场缺乏信任机制，技术服务方、数据提供商、数据交易中介等可能会私下缓存并对外共享、交易数据，数据使用企业不按协议要求私自留存、复制，甚至转卖数据。中国各大数据交易平台并未形成统一的交易流程，甚至有些交易平台没有完整的数据交易规范，使数据交易存在很大风险。二是缺乏良性互动的数据交易生态体系。数据交易中所涉及的采集、传输、汇聚活动日益频繁，相应地，个人隐私、商业机密等一系列安全问题也日益突出，急需建立包括监管机构和社会组织等多方参与的、法律法规和技术标准多要素协同的、覆盖数据生产流通全过程和数据全生命周期管理的数据交易生态体系。

五、数据安全合规要求不断提升

2019 年以来，大数据安全合规方面不断有事件曝出。2019 年 9 月 6 日，位于杭州的大数据风控平台杭州魔蝎数据科技有限公司被警方控制，高管被带走，相关服务暂时瘫痪。同日，另一家提供大数据风控服务的上海新颜科技人工智能科技有限公司高管被带走协助调查。以两平台被查为开端，短短一周内，多家征信企业分别有人被警方带走调查，市场纷纷猜测是否与爬虫业务有关。一时间，大数据安全合规的问题，特别是对于个人信息保护的问题，再次成为行业关注热点。

（一）数据相关法律监管日趋严格规范

与全球不断收紧的数据合规政策相类似，中国在数据法律监管方面也日趋严格规范。

当前中国大数据方面的立法呈现出以个人信息保护为核心，包含基本法律、司法解释、部门规章、行政法规等综合框架。一些综合性法律中也涉及了个人信息保护条款。

2019 年以来，数据安全方面的立法进程明显加快。中央网信办针对四项关于数据安全的管理办法相继发布，其中，《儿童个人信息网络保护规定》已正式公布，并于 2019 年 10 月 1 日开始施行。一系列行政法规的制订，唤起了民众对数据安全的强烈关注。

但不可否认的是，从法律法规体系方面来看，中国的数据安全法律法规仍不够完善，呈现出缺乏综合性统一法律、缺乏法律细节解释、保护与发展协调不够等问题。2018 年，十三届全国人大常委会立法规划中的"条件比较成熟、任期内拟提请审议的法律草案"包括了《个人信息保护法》和《数据安全法》两部。个人信息和数据保护的综合立法时代即将来临。

（二）数据安全技术助力大数据合规要求落地

数据安全的概念来源于传统信息安全的概念。在传统信息安全中，数据是内涵，信息系统是载体，数据安全是整个信息安全的关注重点。信息安全的主要内容是通过安全技术保障数据的秘密性、完整性和可用性。从数据生命周期的角度区分，数据安全技术包括作用于数据采集阶段的敏感数据鉴别发现、数据分类分级标签、数据质量监控；作用于数据存储阶段的数据加密、数据备份容灾；作用于数据处理阶段的数据脱敏、安全多方计算、联邦学习；作用于数据删除阶段的数据全副本销毁；作用于整个数据生命周期的用户角色权限管理、数据传输校验与加密、数据活动监控审计等。

当前中国数据安全法律法规重点关注个人信息的保护，大数据行业整体合规也必然将以此作为核心。而在目前的数据安全技术中有为数不少的技术手段瞄准了敏感数据在处理使用中的防护，例如数据脱敏、安全多方计算、联邦学习等。

在《数据安全管理办法（征求意见稿）》中明确要求，对于个人信息的提供和保存要经过匿名化处理，而数据脱敏技术是实现数据匿名化处理的有效途径。应用静态脱敏技术可以保证数据对外发布不涉及敏感信息，同时在开发、测试环境中保证敏感数据集本身特性不变的情况下能够正常进行挖掘分析；应用动态脱敏技术可以保证在数据服务接口能够实时返回数据请求的同时，杜绝敏感数据泄露风险。

安全多方计算和联邦学习等技术能够确保在协同计算中，任何一方实际数据不被其他方获得的情况下完成计算任务并获得正确计算结果。应用这些技术能够在有效保护敏感数据以及个人隐私数据不存在泄露风险的同时，完成原本需要执行的数据分析、数据挖掘、机器学习等任务。

上述技术是当前最为主流的数据安全保护技术，也是最有利于大数据安全合规落地的数据安全保护技术。其中的各项技术分别具有各自的技术实现方式、应用场景、技术优势和当前存在的问题。

上述技术均存在多种技术实现方式，不同实现方式可能达到对于隐私数据的不同程度保护，不同的应用场景对于隐私数据的保护程度和可用性也有不同的需求。作为助力实现大数据安全合规落地的主要技术，在实际应用中使用者应根据具体的应用场景选择合适的隐私保护技术以及合适的实现方式，而众多的实现方式和产品化的功能点区别导致技术使用者具体进行选择时会遇到很大的困难。通过标准对相应隐私保护技术进行规范化，可以有效地应对这种情况。

未来伴随着大数据产业的不断发展，个人信息和数据安全相关法律法规将不断出台，在企业合规方面，应用标准化的数据安全技术是十分有效的合规落地手段。随着公众数据安全意识的提升和技术本身的不断进步完善，数据安全技术将逐渐呈现出规范化、标准化的趋势。参照相关法律法规要求进行相关产品技术标准制定，应用符合相应技术标准的数据安全技术产品，保证对于敏感数据和个人隐私数据的使用合法合规，将成为未来大数据产业合规落地的一大趋势。

（三）数据安全标准规范体系不断完善

相对于法律法规和针对数据安全技术的标准，在大数据安全保护中，标准和规范也发挥着不可替代的作用。《信息安全技术个人信息安全规范》是个人信息保护领域重要的推荐性标准。标准结合国际通用的个人信息和隐私保护理念，提出了"权责一致、目的明确、选择同意、最少够用、公开透明、确保安全、主体参与"七大原则，为企业完善内部个人信息保护制度及实践操作规则提供了更为细致的指引。2019 年 6 月 25 日，该标准修订后的征求意见稿正式发布。

一系列聚焦数据安全的国家标准近年来陆续发布。包括《大数据服务安全能力要求》（GB/T 35274—2017）、《大数据安全管理指南》（GB/T 37973—2019）、《数据安全能力成熟度模型》（GB/T 37988—2019）、《数据交易服务安全要求》（GB/T 37932—2019）等，这些标准对于中国数据安全领域起到了重要的指导作用。

中国通信标准化协会大数据技术标准推进委员会（CCSA TC601）推出的《可信数据服务》系列规范将个人信息保护推广到企业数据综合合规。标准针对数据供方和数据流通平台的不同角色身份，从管理流程和管理内容等方面对企业数据合规提出了推荐性建议。规范列举了数据流通平台提供数据流通服务时，在平台管理、流通参与主体管理、流通品管理、流通过程管理等方面的管理要求和建议，以及数据供方提供数据产品时，在数据产品管理、数据产品供应管理等方面需满足和体现服务能力与服务质量的要求。系列规范已于 2019 年 6 月发布。

六、大数据发展展望

党的十九届四中全会提出将数据与资本、土地、知识、技术和管理并列作为可参与分配的生产要素，这体现出数据在国民经济运行中变得越来越重要。数据对经济发展、社会生活和国家治理正在产生着根本性、全局性、革命性的影响。

技术方面，我们仍然处在"数据大爆发"的初期，随着 5G、工业互联网的深入发展，将带来更大的"数据洪流"，这就为大数据的存储、分析、管理带来更大的挑战，牵引大数据技术再上新的台阶。硬件与软件的融合、数据与智能的融合将带动大数据技术向异构多模、超大容量、超低时延等方向拓展。

应用方面，大数据行业应用正在从消费端向生产端延伸，从感知型应用向预测型、决策型应用发展。当前，互联网行业已经从"IT 时代"全面进入"DT 时代"（Data Technology）。未来几年，随着各地政务大数据平台和大型企业数据中台的建成，将促进政务、民生与实体经济领域的大数据应用再上新的台阶。

治理方面，随着国家数据安全法律制度的不断完善，各行业的数据治理也将深入推进。数据的采集、使用、共享等环节的乱象得到遏制，数据的安全管理成为各行各业自觉遵守的底线，数据流通与应用的合规性将大幅提升，健康可持续的大数据发展环境逐步形成。

然而，中国大数据发展也同样面临着诸多问题。例如，大数据原创性的技术和产品尚不足；数据开放共享水平依然较低，跨部门、跨行业的数据流通仍不顺畅，有价值的公共信息资源和商业数据没有充分流动起来；数据安全管理仍然薄弱，个人信息保护面临新威胁。这就需要大数据从业者们在大数据理论研究、技术研发、行业应用、安全保护等方面付出更多的努力。

新的时代，新的机遇。我们也看到，大数据与5G、人工智能、区块链等新一代信息技术的融合发展日益紧密。特别是区块链技术，一方面区块链可以在一定程度上解决数据确权难、数据孤岛严重、数据垄断等"先天病"；另一方面隐私计算技术等大数据技术也反过来促进了区块链技术的完善。在新一代信息技术的共同作用下，中国的数字经济正向着互信、共享、均衡的方向发展，数据的"生产关系"正在进一步重塑。

第二节　大数据的定义与性质

随着大数据时代的来临，大数据这个词近年来成了关注度极高和使用极频繁的一个热词。然而，与这种热度不太相称的是，大众只是跟随使用，对大数据究竟是什么并没有真正地了解。学术界对大数据的含义也莫衷一是，很难有一个规范的定义。虽然说大数据时代刚刚来临，对大数据的含义有着不同的理解完全是正常的，但对专业工作者来说，我们还是有必要对其做一个比较系统的梳理，以便大众更好地把握大数据的内涵和本质。

一、大数据的语义分析

早在1980年，著名未来学家阿尔文·托夫勒在其《第三次浪潮》一书中就描绘过未来信息社会的前景，并强调了数据在信息社会中的作用。随着信息技术特别是智能信息采集技术、互联网技术的迅速发展，各类数据都呈现出爆发之势。计算机界因此提出了"海量数据"的概念，并突出了数据挖掘的概念和技术。从海量的数据中挖掘出需要的数据就成了一种专门的技术和学科，为大数据的提出和发展做好了技术的准备。2008年9月，《自然》杂志推出了"大数据"特刊，并在封面中特别突出了"大数据专题"。2009年开始，在互联网领域，"大数据"一词已经成了一个热门的词汇。

不过，这个时候的"大数据"概念与现在的"大数据"概念，虽然名字相同，但内涵和本质有着巨大的差别，而且主要局限于计算机行业。

2011年6月，美国著名的麦肯锡咨询公司发表了一份名为《大数据：下一个创新、竞争和生产力的前沿》的研究报告。在这份报告中，麦肯锡公司不但重新提出了大数据的概念，而且全面阐述了大数据在未来经济、社会发展中的重要意义，并宣告大数据时代的来临。由此，大数据一词很快越出学术界而成为社会大众的热门词汇，麦肯锡公司也成为大数据革命的先驱者。2012年的美国大选中，奥巴马团队成功运用大数据技术战胜对手，并且还将发展大数据上升为国家战略，以政府之名发布了《大数据研究与发展计划》，让专业的大数据概念变为家喻户晓的词汇。美国的谷歌、脸书、亚马逊以及中国的百度、腾讯和阿里巴巴，这些数据时代的造富神话更让大众知晓了大数据所蕴藏的巨大商机和财富，成为世界各国政府和企业追逐的对象。2012年2月11日，《纽约时报》发表了头版文章，宣布大数据时代已经降临。2012年6月，联合国专门发布了大数据发展战略，这是联合国第一次就某一技术问题发布报告。英国学者维克托·舍恩伯格的《大数据时代》一书则对大数据技术及其对工作、生活和思维方式的影响进行了全面的普及，因此大数据及其思维模式在全世界得到了迅速的传播。从国内来说，涂子沛的《大数据：正在到来的数据革命》让国人及时了解到国际兴起的大数据热，让我们与国际同行保持了同步。

大数据究竟是什么意思呢？从字面来说，所谓大数据就是指规模特别巨大的数据集合，因此从本质上来说，它仍然是属于数据库或数据集合，不过是规模变得特别巨大而已，因此麦肯锡公司在上述的咨询报告中将大数据定义为："大小超出常规的数据库工具和获取、存储、管理和分析能力的数据集。"

维基百科对大数据这样定义：Big Data is an all-encompassing term for any collection of data sets so large or complex that it becomes difficult to process using traditional data processing applications。中文维基百科则说："大数据，或称巨量资料，指的是所涉及的数据量规模巨大到无法通过人工在合理时间内截取、管理、处理，并整理成为人类所能解读的信息。"

世界著名的美国权威研究机构Gartner对大数据做出了这样的定义："大数据是需要新处理模式才能具备更强的决策力、洞察发现力和流程优化能力的海量、高增长率和多样化的信息资源。"百度百科则基本引用Gartner对大数据的定义，认为大数据，或称巨量资料，指的是需要新处理模式才能具有更强的决策力、洞察发现力和流程优化能力的海量、高增长率和多样化的信息资产。

英国大数据权威维克托则在其《大数据时代》一书中这样定义："大数据并非一个确切的概念。最初，这个概念是指需要处理的信息量过大，已经超出了一般电脑在数据处理时所能使用的内存量，因此工程师们必须改进处理数据的工具。""大数据是人们获得新认知、创造新的价值的源泉；大数据还是改变市场、组织机构，以及政府与公民关系的方法。"

约翰·威利图书公司出版的《大数据　傻瓜书》对大数据概念是这样解释的："大数据并不是一项单独的技术，而是新、旧技术的一种组合，它能够帮助公司获取更可行的洞察力。因此，大数据是管理巨大规模独立数据的能力，以便以合适速度、在合适的时间范围内完成实时分析和响应。"

大数据技术引入国内之后，我国学者对大数据的理解也五花八门，不过跟国外学者的理解比较类似。最早介入并对大数据进行了比较深入研究的三位院士的观点都具有一定的代表性和权威性。

邬贺铨院士认为："大数据泛指巨量的数据集，因可从中挖掘出有价值的信息而受到重视。"李德毅院士则说："大数据本身既不是科学，也不是技术，我个人认为，它反映的是网络时代的一种客观存在，各行各业的大数据，规模从 TB 到 PB 到 EB 到 ZB，都是以三个数量级的阶梯迅速增长，是用传统工具难以管理的、具有更大挑战的数据。"而李国杰院士则引用维基百科定义："大数据是指无法在一定时间内用常规软件工具对其内容进行抓取、管理和处理的数据集合"，认为"大数据具有数据量大、种类多和速度快等特点，涉及互联网、经济、生物、医学、天文、气象、物理等众多领域。"

我国最早介入大数据普及的学者涂子沛在其《大数据：正在到来的数据革命》一书中，将大数据定义为："大数据是指那些大小已经超出了传统意义上的尺度，一般的软件工具难以捕捉、存储、管理和分析的数据。"由于涂子沛的著作发行量比较大，因此他对大数据的这个界定也具有一定的影响力。

从国内外学者对大数据的界定来看，虽然目前没有统一的定义，但基本上都从数据规模、处理工具、利用价值三个方面来进行界定：①大数据属于数据的集合，其规模特别巨大；②用一般数据工具难以处理因而必须引入数据挖掘新技术；③大数据具有重大的经济、社会价值。

二、大数据的性质

从大数据的定义中可以看出，大数据具有规模大、种类多、速度快、价值密度低和真实性差等特点，在数据增长、分布和处理等方面具有更多复杂的性质，如下所述。

（一）非结构性

结构化数据可以在结构数据库中存储与管理，并可用二维表来表达实现的数据。这类数据是先定义结构，然后才有数据。结构化数据在大数据中所占比例较小，占15% 左右，现已应用广泛，当前的数据库系统以关系数据库系统为主导，例如银行财务系统、股票与证券系统、信用卡系统等。

非结构化数据是指在获得数据之前无法预知其结构的数据，目前所获得的数据85%以上是非结构化数据，而不再是纯粹的结构化数据。传统的系统无法对这些数据完成处理，从应用角度来看，非结构化数据的计算是计算机科学的前沿。大数据的高度异构也导致抽取语义信息的困难。如何将数据组织成合理的结构是大数据管理中的一个重要问题。大量出现的各种数据本身是非结构化的或半结构化的数据，如图片、照片、日志和视频数据等是非结构化数据，而网页等是半结构化数据。大数据大量存在于社交网络、互联网和电子商务等领域。另外，也许有90%的数据来自开源数据，其余的被存储在数据库中。大数据的不确定性表现在高维、多变和强随机性等方面。股票交易数据流是不确定性大数据的一个典型例子。

大数据产生了大量研究问题。非结构化和半结构化数据的个体表现，一般性特征和基本原理尚不清晰，这些需要通过数据、经济学、社会学、计算机科学和管理科学在内的多学科交叉研究。对于半结构化或非结构化数据，例如图像，需要研究如何将它转化成多维数据表、面向对象的数据模型或者直接基于图像的数据模型。还应说明的是，大数据每一种表示形式都仅呈现数据本身的一个侧面表现，并非其全貌。

由于现存的计算机科学与技术架构和路线，已经无法高效处理如此大的数据，如何将这些大数据转化成一个结构化的格式是一项重大挑战，如何将数据组织成合理的结构也是大数据管理中的一个重要问题。

（二）不完备性

数据的不完备性是指在大数据条件下所获取的数据常常包含一些不完整的信息和错误，即脏数据。在数据分析阶段之前，需要进行抽取、清洗、集成，得到高质量的数据之后，再进行挖掘和分析。

（三）时效性

数据规模越大，分析处理的时间就会越长，所以高速度进行大数据处理非常重要。如果设计一个专门处理固定大小数据量的数据系统，其处理速度可能会非常快，但并不能适应大数据的要求。因为在许多情况下，用户要求立即得到数据的分析结果，需要在处理速度与规模间折中考虑，并寻求新的方法

（四）安全性

由于大数据高度依赖数据存储与共享，必须考虑寻找更好的方法来消除各种隐患与漏洞，才能有效地管控安全风险。数据的隐私保护是大数据分析和处理的一个重要问题，对个人数据使用不当，尤其是有一定关联的多组数据泄露，将导致用户的隐私泄露。因此，大数据的安全性问题是一个重要的研究方向。

（五）可靠性

通过数据清洗等技术来提取有价值的数据，实现数据质量高效管理以及对数据的安全访问和隐私保护已成为大数据可靠性的关键需求。因此，针对互联网大规模真实运行数据的高效处理和持续服务需求，以及出现的数据异质异构、非结构乃至不可信特征，数据的表示、处理和质量已经成为互联网环境中大数据管理和处理的重要问题。

三、大数据的生态环境

大数据是人类活动的产物，它来自人们改造客观世界的过程中，是生产与生活在网络空间的投影。信息爆炸是对信息快速发展的一种逼真描述，形容信息发展的速度如同爆炸一般席卷整个空间。在20世纪四五十年代，信息爆炸主要指的是科学文献的快速增长。而经过50年的发展，到20世纪90年代，由于计算机和通信技术的广泛应用，信息爆炸主要指的是所有社会信息快速增长，包括正式交流过程和非正式交流过程所产生的电子式的和非电子式的信息。而到21世纪的今天，信息爆炸是由数据洪流的产生和发展所造成的。在技术方面，新型的硬件与数据中心、分布式计算、云计算、高性能计算、大容量数据存储与处理技术、社会化网络、移动终端设备、多样化的数据采集方式使大数据的产生和记录成为可能。在用户方面，日益人性化的用户界面、信息行为模式等都容易作为数据量化而被记录，用户既可以成为数据的制造者，又可以成为数据的使用者。可以看出，随着云计算、物联网计算和移动计算的发展，世界上所产生的新数据，包括位置、状态、思考、过程和行动等数据都能够汇入数据洪流，互联网的广泛应用，尤其是"互联网+"的出现，促进了数据洪流的发展。

归纳起来，大数据主要来自互联网世界与物理世界。

（一）互联网世界

大数据是计算机和互联网相结合的产物，计算机实现了数据的数字化，互联网实现了数据的网络化，两者结合起来之后，赋予了大数据强大的生命力。随着互联网如同空气、水、电一样无处不在地渗透人们的工作和生活，以及移动互联网、物联网、可穿戴联网设备的普及，新的数据正在以指数级加速产生，目前世界上90%的数据是互联网出现之后迅速产生的。来自互联网的网络大数据是指"人、机、物"三元世界在网络空间（Cyberspace）中交互、融合所产生并可在互联网上获得的大数据，网络大数据的规模和复杂度的增长超出了硬件能力增长的摩尔定律。

大数据来自人类社会，尤其是互联网的发展为数据的存储、传输与应用创造了基础与环境。依据基于唯象假设的六度分隔理论而建立的社交网络服务（Social Network Service，SNS），以认识朋友的朋友为基础，扩展自己的人脉。基于Web2.0交互网站建立的社交网络，用户既是网站信息的使用者，也是网站信息的制作者。社交网站记录人们之间的交互，搜索引擎记录人们的搜索行为和搜索结果，电子商务网站记录人们购买商品的喜好，微博网站记录人们所产生的即时的想法和意见，图片视频分享网站记录人们的视觉观察，百科全书网站记录人们对抽象概念的认识，幻灯片分享网站记录人们的各种正式和非正式的演讲发言，机构知识库和期刊记录学术研究成果等。归纳起来，来自互联网的数据可以划分为下述几种类型。

1. 视频图像

视频图像是大数据的主要来源之一，电影、电视节目可以产生大量的视频图像，各种室内外的视频摄像头昼夜不停地产生巨量的视频图像。视频图像以每秒几十帧的速度连续记录运动着的物体，一个小时的标准清晰视频经过压缩后，所需的存储空间为 GB 数量级，高清晰度视频所需的存储空间就更大了。

2. 图片与照片

图片与照片也是大数据的主要来源之一，截至 2011 年 9 月，用户向脸书（Facebook，美国的一个社会网络服务网站）上传了 1400 亿张以上的照片。如果拍摄者为了保存拍摄时的原始文件，平均每张照片大小为 1MB，则这些照片的总数据量约为 140PB，如果单台服务器磁盘容量为 10TB，则存储这些照片需要 14000 台服务器，而且这些上传的照片仅仅是人们拍摄到的照片的很少一部分。此外，许多遥感系统 24 小时不停地拍摄并产生大量照片。

3. 音频

DVD 光盘采用了双声道 16 位采样，采样频率为 44.1kHz，可达到多媒体欣赏水平。如果某音乐剧的时间为 5.5min，计算其占用的存储容量为：

$$存储容量 = (采样频率 \times 采样位数 \times 声道数 \times 时间)/8$$
$$= (44.1 \times 1000 \times 16 \times 2 \times 5.5 \times 60)/8$$
$$\approx 55.5MB$$

4. 日志

网络设备、系统及服务程序等，在运作时都会产生 log 的事件记录。每一行日志都记载着日期、时间、使用者及动作等相关操作的描述。Windows 网络操作系统设有各种各样的日志文件，如应用程序日志、安全日志、系统日志、Scheduler 服务日志、FTP 日志、WWW 日志、DNS 服务器日志等，这些根据系统开启的服务的不同而有所不同。用户在系统上进行一些操作时，这些日志文件通常记录了用户操作的一些相关内容，这些内容对系统安全工作人员相当有用。例如，有人对系统进行了 IPC 探测，系统就会在安全日志里迅速地记下探测者探测时所用的 IP、时间、用户名等，用 FTP 探测后，就会在 FTP 日志中记下 IP、时间、探测所用的用户名等。

网站日志记录了用户对网站的访问，电信日志记录了用户拨打和接听电话的信息，假设有 5 亿用户，每个用户每天呼入呼出 10 次，每条日志占用 400B，并且需要保存 5 年，则数据总量为 3.65PB。

5. 网页

网页是构成网站的基本元素，是承载各种网站应用的平台。通俗地说，网站就是由网页组成的，如果只有域名和虚拟主机而没有制作任何网页，客户仍旧无法访问网站。网页要通过网页览器来阅读。文字与图片是构成一个网页的两个最基本的元素。可以简单地理解为：文字就是网页的内容，图片就是网页的美观描述。除此之外，网页的元素还包括动画、音乐、程序等。

网页分为静态网页和动态网页。静态网页的内容是预先确定的，并存储在 Web 服务器或者本地计算机、服务器之上，动态网页取决于用户提供的参数，并根据存储在数据库中的网站上的数据而创建。通俗地讲，静态页是照片，每个人看都是一样的，而动态页则是镜子，不同的人（不同的参数）看都不相同。

网页中的主要元素有感知信息、互动媒体和内部信息等。感知信息主要包括文本、图像、动画、声音、视频、表格、导航栏、交互式表单等。互动媒体主要包括交互式文本、互动插图、按钮、超链接等。内部信息主要包括注释，通过超链接链接到某文件、元数据与语义的元信息、字符集信息、文件类型描述、样式信息和脚本等。

网页内容丰富，数据量巨大，每个网页有 25KB 数据，则一万亿个网页的数据总量约为 25PB。

（二）物理世界

来自物理世界的大数据又被称为科学大数据。科学大数据主要来自大型国际实验：跨实验室、单一实验室或个人观察实验所得到的科学实验数据或传感数据。最早提出大数据概念的学科是天文学和基因学，这两个学科从诞生之日起就依赖于基于海量数据的分析方法。由于科学实验是科技人员设计的，数据采集和数据处理也是事先设计的，所以不管是检索还是模式识别，都有科学规律可循。例如希格斯玻色子，又称为"上帝粒子"的寻找，采用了大型强子对撞机实验。这是一个典型的基于大数据的科学实验，至少要在 1 万亿个事例中才可能找出一个希格斯玻色子。从这一实验可以看出，科学实验的大数据处理是整个实验的一个预定步骤，这是一个有规律的设计，发现有价值的信息可在预料之中。大型强子对撞机每秒生成的数据量约为 1PB。建设中的下一代巨型射电望远镜每天生成的数据量大约在 1EB。波音发动机上的传感器每小时产生 20TB 左右的数据量。

随着科研人员获取数据方法与手段的变化，科研活动产生的数据量激增，科学研究已成为数据密集型活动。科研数据因其数据规模大、类型复杂多样、分析处理方法复杂等特征，已成为大数据的一个典型代表。大数据所带来的新的科学研究方法反映了未来科学的行为研究方式，数据密集型科学研究将成为科学研究的普遍范式。

利用互联网可以将所有的科学大数据与文献联系在一起，创建一个文献与数据能够交互操作的系统，即在线科学数据系统。

由于各个领域互相交叉，不可避免地需要使用其他领域的数据。利用互联网能够将所有文献与数据集成在一起，可以实现从文献计算到数据的整合。这样可以提高科技信息的检索速度，进而大幅度地提高生产力。也就是说，在线阅读某人的论文时，可以查看其原始数据，甚至可以重新分析，也可以在查看某些数据时查看所有关于这一数据的文献。

第三节　大数据的分类与技术

一、大数据网络中数据分类优化

大数据时代的到来给人类生活带来许多便利，涉及各个行业领域。由于数据量庞大，在进行处理时，难以把握数据的完整性和纯度，运用大数据进行数据分类优化可以保证数据质量，提高数据管理效率。以下就数据分类优化的相关概念进行阐述，指出传统数据分类方法的不足，探讨数据分类在大数据网络中如何应用。

（一）大数据网络和数据分类优化的相关概念

大数据就是利用计算机对数量庞大的数据进行处理，在一定范围内，无法运用常规数据处理软件对数据进行处理加工时，需要开发新的数据处理模式对数据进行处理。

数据分类是指将某种具有共性或相似属性的数据归在一起，根据数据特有属性或特征进行检索，方便数据查询与索引，常见的数据分类有连续型和离散型、时间序列数据和截面数据、定序数据和定类数据、定比数据等，数据分类应用较多的行业是逻辑学、统计学等学科。数据分类遵循以下几条原则：一是稳定性，进行数据分类的标准是数据各组特有的属性，这种属性应是稳定的，确保分类结果的稳定；二是系统性，数据进行分类必须逻辑清晰，系统有条理；三是可兼容性，数据分类的基本目的就是存储更多数据，在数据量加大时，保证数据的类别可以共存；四是扩充性，数据根据分类标准可以随时扩充；五是实用性，数据分类的目的是对数据进行更好的管理和使用，有明确的分类标准，逻辑清晰，方便索引和数据获取。

（二）传统数据分类优化识别方法存在的问题

21世纪是大数据时代，大数据网络衍生大量数据，对数据进行分类尤其重要。传统数据分类缺乏大数据环境带来的优势，对数据分类只是通过计算机根据现有分类标准进行粗略划分，对后期数据索引工作造成较大麻烦。常见的数据分类方法造成数据冗余度过高，在数据处理和使用过程中，索引属性或特征遭遇改变，使最初的数据分类标准变得不明确，对数据管理造成困扰。

1. 分类数据冗余度过高

数据冗余是指数据重复，即一条数据信息可在多个文件中查询，数据冗余度适当可以确保数据安全，防止数据丢失。但数据冗余度高会导致在数据索引过程中降低数据查询准确性，很多人为简化操作流程对同一数据在不同地方存放，为了数据完整性进行多次存储和备份，这些操作无形中会增大数据冗余度。传统数据分类处理存在数据丢失的顾虑，对数据进行多次备份，没有认识到增加数据独立性、减少数据冗余度可以保证数据资源的质量和使用效率这一重要性。

2. 数据分类标准不明确

数据分类是为了对数据进行更好的管理和使用，人们进行数据分类是希望对之前操作造成的数据冗余度适量降低，但传统数据分类并没有确定明确的分类标准，对数据进行盲目分类，在后期索引中造成不便，无法实现数据的有效提取。传统数据分类采用的方法是基于支持向量机的分类方法、基于小波变换算法分类方法、基于数据增益算法，以上几种分类算法造成了数据冗余度过高。

（三）大数据网络中数据分类优化识别探究

1. 实现数据冗余分类优化

增加数据独立性和降低数据冗余度是计算机分类数据的目标之一。大数据网络优化通过改变分类算法，对数据冗余现象进行处理分析，在数据分类优化识别过程中，利用局部特征分析方法，对冗余数据中的关键信息做二次提取并相应标记，更换第一次数据识别属性或特征，并将更换过的数据属性作为冗余度数据识别标准，实现冗余度数据的二次分类优化识别。

2. 数据分类标准明确清晰

大数据网络中数据有多个类别，对数据进行分类优化识别必须具有明确清晰的标准，这是传统计算机网络不能做到的。以大数据为研究对象，根据特定标准进行数据分类，提取大数据中的关键属性和特征作为分类标准，在后期数据整理归类时按照相应的分类标准进行归档处理，实现数据的高效管理和使用。经研究表明，在 Matlab 的仿真模拟环境中，利用虚拟技术对数据分类优化识别过程进行模拟，大数据网络下数据分类处理呈现时域波形，表明数据分类处理结果较为准确。此外，还可以通过向量量化方法对大数据信息流中的关键数据进行获取和处理，数据分类优化识别的结果，也获得了理想效果。

在大数据网络下对数据进行分类优化识别具有重要意义。数据冗余度高仍然是大数据网络分类优化识别应用的主要问题，加强对数据冗余度的处理，可以实现数据分类优化识别的目的。数据分类优化识别讲究准确率，提高准确率对数据分类优化识别起到关键作用，改进数据分类优化识别方法，在降低数据冗余度的同时，促进大数据网络中数据分类优化识别的进一步发展。

二、大数据时代数据挖掘技术

21世纪是数据信息大发展的时代，移动互联、社交网络、电子商务等都极大拓展了其应用范围，各种数据迅速扩张。大数据蕴藏着价值信息，但如何从海量数据中淘换出对客户有用的"沙金"甚至"钻石"，是数据人面临的巨大挑战。以下在分析大数据基本特征的基础上，对数据挖掘技术的分类及数据挖掘的常用方法进行了简单分析，以期能够在大数据时代背景下在数据挖掘方面取得些许成绩。

（一）大数据时代数据挖掘的重要性

随着互联网、物联网、云计算等技术的快速发展，以及智能终端、网络社会、数字地球等信息体的普及和建设，全球数据量出现爆炸式增长，仅在2011年就达到1.8万亿GB。毋庸置疑，大数据时代已经到来。一方面，云计算为这些海量的、多样化的数据提供存储和运算平台，同时数据挖掘和人工智能从大数据中发现知识、规律和趋势，为决策提供信息参考。

如果运用合理的方法和工具，在企业日积月累形成的浩瀚数据中，是可以淘到沙金的，甚至可能发现许多大"钻石"。在一些信息化较成熟的行业就有这样的例子。比如银行的信息化建设就非常完善，银行每天生成的数据数以万计，储户的存取款数据、ATM交易数据等。

数据挖掘是借助IT手段对经营决策产生决定性影响的一种管理方法。从定义上来看，数据挖掘是指一个完整的过程，该过程是从大量、不完全、模糊和随机的数据集中识别有效的、可实用的信息，并运用这些信息做出决策。

（二）数据挖掘的分类

数据挖掘技术从开始的单一门类的知识逐渐发展成为一门综合性的多学科知识，并由此产生了很多的数据挖掘方法。这些方法种类多，类型也有很大的差别。为了满足用户的实际需要，现对数据挖掘技术进行如下几种分类：

1. 按挖掘的数据库类型分类

利用数据库对数据分类可能是因为数据库在对数据储存时就可以对数据按照其类型、模型以及应用场景的不同来进行分类，根据这种分类得到的数据在采用数据挖掘技术时也会有满足自身的方法。对数据的分类有两种情况，一种是根据其模型来分类，另一种是根据其类型来分类，前者包括关系型、对象—关系型以及事务型和数据仓库型等，后者包括时间型、空间型和 Web 型的数据挖掘方法。

2. 按挖掘的知识类型分类

这种分类方法是根据数据挖掘的功能来实施的，其中包括多种分析的方式，例如相关性、预测及离群点分析方法，充分的数据挖掘不仅仅是一种单一的功能模式，还是各种功能的集合。还可以按照数据本身的特性和属性来对其进行分类，例如数据的抽象性和数据的粒度等。利用数据的抽象层次来分类时可以将数据分为三个层次，即广义知识的高抽象层，原始知识的原始层以及到多层的知识的多个抽象层。一个完善的数据挖掘可以实现对多个抽象层数据的挖掘，找到有价值的知识。同时，在对数据挖掘进行分类时还可以根据其表现出来的模式、规则性和是否检测出噪声来分类，一般来说，数据的规则性可以通过多种不同的方法挖掘，例如相关性和关联分析以及通过对其概念描述和聚类分类、预测等方法，还可以通过这些挖掘方法来检测和排除噪声。

3. 按所用的技术类型分类

数据挖掘的时候采用的技术手段千变万化，例如可以采用面向数据库和数据仓库的技术以及神经网络及其可视化等技术手段，与此同时用户在对数据进行分析时也会使用很多不同的分析方法，根据这些分析方法的不同可以分为遗传算法、人工神经网络等等。一般情况下，一个庞大的数据挖掘系统是集多种挖掘技术和方法的综合性系统。

根据数据挖掘的应用领域来进行分类，包括财经行业、交通运输业、网络通信业、生物医学领域等，在这些行业或领域中都有满足自身要求的数据挖掘方法。对于特定的应用场景，此时就可能需要与之相应的特殊的挖掘方法，并保证其有效性。综上所述，基本上不存在可以在所有的行业中都能使用的某种数据挖掘技术，每种数据挖掘技术都有自身的专用性。

（三）数据挖掘中常用的方法

目前数据挖掘方法主要有四种，这四种算法包括遗传、决策树、粗糙集和神经网络算法。以下对这四种算法一一进行解释说明。

遗传算法：该算法依据生物学领域的自然选择规律以及遗传的机理发展而来，是一种随机搜索的算法，利用仿生学的原理来对数据知识进行全局优化处理，是一种基于生物自然选择与遗传机理的随机搜索算法，更是一种仿生全局优化方法。这种算法具有隐含并行性、易与其他模型结合等优点，从而在数据挖掘中得到了应用。

决策树算法：在对模型的预测中，该算法具有很强的优势，利用该算法对庞大的数据信息进行分类，从而对有潜在价值的信息进行定位。这种算法的优势也比较明显，在利用这种算法对数据进行分类时非常迅速，同时描述起来也很简洁，在大规模数据处理时，这种方法的应用性很强。

粗糙集算法：这个算法将知识的理解视为对数据的划分，将这种被划分的一个整体叫作概念。这种算法的基本原理是将不够精确的知识与确定的或者准确的知识进行分类，同时进行类别刻画。

神经网络算法：神经网络算法是根据逻辑规则进行推理的过程。它先将信息化成概念，并用符号表示，然后，根据符号运算按串行模式进行逻辑推理；这一过程可以写成串行的指令，让计算机执行。然而，直观性的思维是将分布式存储的信息综合起来，结果是忽然间产生的想法或解决问题的办法。

第四节　大数据的特征

一、大数据的 4V 特征

我们从大数据的概念中很难把握大数据的属性和本质，因此国内外学者都在大数据概念的基础上继续深入探讨大数据的基本特征，其中最有代表性的是大数据的 3V 特征或 4V 特征。所谓大数据的 3V 或 4V 特征是指大数据所具有的三个或四个以英文字母 V 打头的基本特征。所谓的 3V 是指 Volume（体量）、Variety（多样）、Velocity（速度），这三个特征是比较被公认的，基本上没有争议。而 4V 是在 3V 的基础上再加上一个 V，而这个 V 究竟是什么，目前有比较大的争议。有人将 Value（价值）作为第四个 V，而有人将 Veracity（真实）当作第四个 V。笔者曾经将 Value 当作第四个 V，但现在则认为 Veracity 似乎更能代表大数据的第四个基本特征。

（一）数据规模巨大（Volume）

大数据给人印象最深的是其数据规模巨大，以前也被称为海量，因此大数据的所有定义中必然会涉及大数据的数据规模，而且特别指出其数据规模巨大，这就是大数据的第一个基本特征：数据规模巨大。

从古埃及开始，人们就学会了丈量土地、记录财产，数据由此产生。古埃及、古巴比伦、古希腊都用纸草、陶片作为数据记录的工具，数据规模极其有限。古代中国也很早就有丈量土地和记录财富的历史，先是用陶片、竹片、绢布等做记录工具，后来有了纸张、印刷术等，各种数据也更容易被记录，于是就有了"学富五车"的文人，以及"汗牛充栋"的图书收藏机构。不过古人引以为自豪的事情如今看来只是"小儿科"。如今大数据的规模究竟有多大呢？虽然没有一个确切的统计数字，但我们可以举例描述其规模。现在一天内在推特上发表的微博就达到 2 亿条，7TB 的容量，50 亿个单词，相当于《纽约时报》出版 60 年的单词量。阿里巴巴通过其交易平台积累了巨大的数据，截至 2014 年 3 月，其已经处理的数据就达到 100PB，等于 104857600GB 的数据量，相当于 4 万个西雅图中央图书馆，580 亿本藏书的数据。腾讯 QQ 目前拥有 8 亿用户，4 亿移动用户，在数据仓库存储的单机群数量已达到 4400 台，总存储数据量经压缩处理以后在 100PB 左右，并且这一数据还在以日新增 200TB 到 300TB，月增加 10% 的数据量增长，腾讯的数据平台部门正在为 1000PB 做准备。

随着大数据时代的来临，各种数据呈爆炸式增长。从人均每月互联网流量的变化就可以窥见一斑。1998 年网民人均月流量才 1MB，到 2000 年达到 10MB，到 2008 年平均一个网民是 1000MB，到 2014 年是 10000MB。在芯片发展方面，有一个著名的摩尔定律，说的是每 18 个月，芯片体积要减小一半，价格降一半，而其性能却要翻一倍。在数据的增长速度上，有人也引用摩尔定律，认为每 18 个月或 2 年，世界的数据量就要翻一番。2000 年，全世界的数据存储总量大约 800000PB。以前曾有人因提出知识爆炸论而备受争议，而如今的数据暴增已是摆在我们面前的事实。

（二）数据类型多样（Variety）

大数据并不仅仅表现在数据量的暴增及数据总规模的庞大无比，最为关键的是，在大数据时代，数据的性质发生了重大变化。在小数据时代，数据的含义和范围是狭义的。所谓数据，其原意是指"数 + 据"，即由表示大小、多少的数字，加上表示事物性质的属性，即所谓的计量单位。狭义的数据指的是用某种测量工具对某事物进行测量的结果，而且一定是以数字和测量单位联合表征。但在大数据时代，数据的含义和属性发生了重大变化，数据的范围几乎无所不及，除了传统的"数 + 据"之外，似乎能被 0 和 1 符号表述，能被计算机处理的都被称为数据。也可以说，大数据时代就是信息时代的延续与深入，是信息时代的新阶段。在大数据时代，数据与信息基本上是同义词，任何信息都可以用数据表述，任何数据都是信息。这样数据的范围得到了巨大的扩展，即从狭义的数字扩展到广义的信息。

传统的数据属于具有结构的关系型数据，也就是说数据与数据之间具有某种相关关系，数据之间形成某种结构，因此被称为结构型数据。例如，我们的身份证都是按照 18 位的结构模式进行采集和填写数据，手机号码都是 11 位的数据结构，而人口普查、工业普查或社会调查等数据采集都是事先设计好固定项目的调查表格，按照固定结构填写，否则可能因无法做出数据处理而被归入无效数据。在大数据时代，除了这种具有固定结构的关系数据之外，更多的是属于半结构和无结构数据。所谓半结构就是有些数据有固定结构，有些数据没有固定结构，而无结构数据则没有任何的固定结构。结构数据是有限的，而半结构和无结构数据却几乎是无限的。例如，文档资料、网络日志、音频、视频、图片、地理位置、社交网络数据、网络搜索点击记录、各种购物记录等等，一切信息都被纳入数据的范围而带来了大数据的数据类型多样的特征，也带来了海量数据规模。

（三）数据快捷高效（Velocity）

大数据的第三个特征是数据的快捷性，指的是数据采集、存储、处理和传输速度快、时效高。小数据时代的数据主要是依靠人工采集而来，例如天文观测数据、科学实验数据、抽样调查数据以及日常测量数据等。这些数据因为依靠人工测量，所以测量速度、频次和数据量都受到一定的限制。此外，这些数据的处理往往也是费时费力的事情，比如人口普查数据，因为涉及面广、数据量大，每个国家往往只能10年做一次人口普查，而且每次人口普查数据要经过诸多部门和人员多年的统计、处理才能得到。人口普查数据公布之时，人口情况早已发生了巨大的变化。

在大数据时代，数据的采集、存储、处理和传输等各个环节都实现了智能化、网络化。由于智能芯片的广泛应用，数据的采集实现了智能化和自动化，数据的来源从人工采集走向了自动生成。例如上网自动产生的各种浏览记录，社交软件产生的各种聊天、视频等记录，摄像头自动记录的各种影像，商品交易平台产生的交易记录，天文望远镜的自动观测记录等等。由于数据采集设备的智能化和自动化，自然界和人类社会的各种现象、思想和行为都被全程记录下来，因此形成了所谓的"全数据模式"，这也是大数据形成的重要原因。此外，数据的存储实现了云存储，数据的处理实现了云计算，数据的传输实现了网络化。因此，所有数据都从原来的静态数据变为动态数据，从离线数据变为在线数据，通过快速的数据采集、传输和计算，系统可以做出快速反馈和及时响应，从而达到即时性。

（四）数据客观真实（Veracity）

大数据的第四个特征是数据的真实性。数据是事物及其状态的记录，但这种记录也因是否真实记录事物及其状态变化而产生了数据真实性问题。由于小数据时代的数据都是人工观察、实验或调查而来的数据，人的主观性难免被渗透到数据之中，这就是科学哲学中著名的"观察渗透理论"。我们在观察、实验或问卷调查的时候，首先就要设置我们采集数据的目的，然后根据目的设计我们的观察、实验手段，或者设计我们的问卷以及选择调查的对象，这些环节中都强烈渗透着我们的主观意志。也就是说，小数据时代，我们先有目的，后有数据，因此，这些数据难免被数据采集者污染，很难保持其客观真实性。

但在大数据时代，除了人是智能设备的设计者和制造者之外，我们人类并没有参与到数据的采集过程中，所有的数据都是由智能终端自动采集、记录下来的。这些数据在采集、记录之时，我们并不知道这些数据能用于什么目的。采集、记录数据只是智能终端的一种基本功能，是顺便采集、记录下来的，并没有什么目的。有时候甚至认为这些数据属于数据垃圾或数据尘埃，先记录下来，究竟有什么用，以后再说。也就是说，在大数据时代，我们是先有数据，后有目的。这样，由于数据采集、记录过程中没有了数据采集者的主观意图，这些数据就没有被主体污染，也就是说，大数据中的原始数据并没有渗透理论，因此确保了其客观真实性，真实地反映了事物及其状态、行为。

二、大数据的采集方法

（一）系统日志采集方法

对于系统日志采集，很多互联网企业都有自己的海量数据采集工具，如 Hadoop 架构的 Chukwa，Cloudera 公司的 Flume，脸书的 Scribe 等，它们均采用分布式架构，能满足每秒数百 MB 的日志数据采集和传输需求。

（二）网络数据采集方法：对非结构化数据的采集

网络数据采集可以将非结构化数据从网页中抽取出来，将其存储为统一的本地数据文件，并以结构化的方式存储。可以通过网络爬虫或网站公开 API 等方式从网站上获取数据信息。它支持图片、音频、视频等文件或附件的采集，并且附件与正文可以自动关联。对于网络流量的采集可以使用 DPI 或 DFI 等带宽管理技术进行处理。

（三）其他数据采集方法

对于企业生产经营数据或学科研究数据等保密性要求较高的数据，可以通过与企业或研究机构合作，使用特定系统接口等相关方式采集数据。

三、大数据存储（导入）和管理

（一）并行数据库

并行数据库系统大部分采用了关系数据模型并且支持 SQL 语句查询，是在无共享的体系结构中进行数据操作的数据库系统。

（二）NoSQL 数据管理系统

NoSQL 指的是"Not Only SQL"，即对关系型 SQL 数据系统的补充。NoSQL 最普遍的解释是"非关系型的"，强调键值存储和文档数据库的优点，而不是单纯地反对关系型数据库。它采用简单数据模型、元数据和应用数据的分离、弱一致性技术，使 NoSQL 能够更好地应对海量数据的挑战。

（三）云存储与云计算

在云计算概念上延伸和发展出来的云存储是一种新兴的网络存储技术，是将网络中大量不同类型的存储设备通过应用软件集合起来协同工作，共同对外提供数据存储和业务访问功能的一个系统。云存储是一个以数据存储和管理为核心的云计算系统。

（四）实时流处理

所谓实时系统，是指能在严格的时间限制内响应请求的系统。流式处理就是指源源不断的数据流过系统时，系统能够连续计算。所以，流式处理没有严格的时间限制，数据从进入系统到出来结果是需要一段时间。然而，流式处理唯一的限制是系统长期来看的输出速率应当快于或至少等于输入速率。否则，数据会在系统中越积越多。

四、大数据的分析

数据分析主要利用分布式数据库，或者分布式计算集群来对存储于其内的海量数据进行普通的分析和分类汇总等，以满足大多数常见的分析需求。统计与分析这部分的主要挑战是分析涉及的数据量大，其对系统资源，特别是 I/O 会有极大的占用。如果是一些实时性需求会用到 EMC 的 GreenPlum、Oracle 的 Exadata，以及基于 MySQL 的列式存储 Infobright 等，或一些批处理，或者基于半结构化数据的需求可以使用 Hadoop。

五、大数据的挖掘与展示

大数据技术不在于掌握庞大的数据信息，而是将这些含有意义的数据进行专业化处理，对海量的信息数据经过分布式数据挖掘处理后，将结果可视化。数据可视化主要是借助于图形化手段，清晰有效地传达与沟通信息。依据数据及其内在模式和关系，利用计算机生成的图像来获得深入认识和知识。这样就对数据可视化软件提出了更高的要求。数据可视化应用软件的开发迫在眉睫，数据可视化软件的开发既要保证实现其功能用途，又要兼顾美学形式。例如，标签云、聚类图、空间信息流、热图等。

大数据成为推动经济转型发展的新动力。以数据流引领技术流、物质流、资金流、人才流，将深刻影响社会分工协作的组织模式，促进生产组织方式的创新。大数据成为重塑国家竞争优势的新机遇。在全球信息化快速发展的大背景下，大数据已成为国家重要的基础性战略资源，正引领新一轮科技创新。大数据还成为提升政府治理能力的新途径。大数据应用能够揭露传统技术方式难以展现的关联关系，推动政府数据开放共享，促进社会事业数据融合和资源整合，将极大提升政府整体数据分析能力，为有效处理复杂社会问题提供新的手段。

第五节　大数据产业协同创新动因

习近平总书记在党的十九大报告中明确指出，要推动互联网、大数据、人工智能和实体经济深度融合。这不仅为破局"数据孤岛"提供了思路，也为大数据产业的发展指明了方向。2016年，由国家信息中心、中国科学院计算技术研究所、浙江大学软件学院、清华大学公共管理学院、财经网等60余家单位共同成立了"中国大数据产业应用协同创新联盟"；2017年，教育部规划建设发展中心、曙光信息产业股份有限公司和国内数十所高校共同发布了大数据行业应用协同创新规划方案。由此可见，政府、科研院所、高校及企业均高度重视大数据产业的发展。

一、国内外研究现状

早在1980年，美国著名学者阿尔文·托夫勒就在《第三次浪潮》一书中提出大数据的概念，随后，关于大数据的研究热潮席卷全球。Suthaharan讨论了利用几何学习技术与现代大数据网络技术处理大数据分类的问题，并重点讨论了监督学习技术、表示学习技术与机器终身学习相结合的问题。Gandomi等结合从业者和学者的定义，对大数据进行了综合描述，并强调需要开发适当、高效的分析方法，对大量非结构化文本、音频和视频格式的异构数据进行分析与利用。韩国学者Kwon等在相关研究中提到了大数据产业并构建了大数据产业发展的政策体系。

国内对大数据的研究虽然起步较晚，但与经济发展的联系更为紧密。邸晓燕等基于产业创新链视角，围绕产业链、技术链与价值链，对大数据产业技术创新力进行了分析，并通过比较案例发现，在大数据产业链方面，我国与发达国家相比存在较大差距，提出从技术创新链、市场机制和评价体系三方面提升我国大数据产业创新力。周曙东通过编制大数据产业投入产出表，并利用2017年全国投入产出调查数据，阐述了大数据产业对经济的贡献度，为制定大数据产业发展战略提供了重要参考。刘倩分析了大数据产业的政策演进及区域科技创新的相关要素，从驱动、集聚等角度分析了大数据产业促进科技创新的作用机制，并实证分析了大数据产业推动区域科技创新的路径。沈俊鑫等利用贵州省大数据产业发展数据，分别运用BP神经网络模型和熵权–BP评价模型对其发展能力进行测评，研究结果表明，后者的评价更为精确。周瑛等从宏观、中观和微观三个方面对影响大数据产业发展的因素进行理论分析，并运用德尔菲法和层次分析法实证分析影响大数据产业发展的主要因素，结果表明，影响大数据产业发展的因素由大到小依次为宏观因素、中观因素和微观因素。胡振亚等指出，大数据是创新的前沿，并从知识、决策、主体和管理四个方面阐释了大数据对创新机制的改变。王永国从顶层设计、人才队伍等角度分析了大数据产业协同创新如何推动军民融合深度发展。吴英慧对美国大数据产业协同创新的主要措施和特点进行深入剖析，以期为我国大数据战略的实施提供决策参考。

综上所述，国内外学者对大数据及大数据产业的研究已经取得了较为丰硕的成果，但学界对"大数据产业"尚未形成统一的界定，且鲜有文献对大数据产业协同创新发展进行深入系统的研究。因此，结合我国大数据产业发展的实际情况，探讨大数据产业协同创新的动因，并提出大数据产业协同创新策略，以期为我国大数据产业的发展提供参考。

二、大数据产业协同创新及其动因分析

（一）大数据产业协同创新

1. 大数据产业协同创新的概念

大数据产业协同创新是指政府部门、科研院所、高等院校、企业等多主体共同参与，以互联网、物联网、大数据应用为导向，充分发挥各单位资源优势，因势利导，最终通过挖掘大数据价值促使大数据产业成为经济增长的重要支撑。大数据产业协同创新响应了国家"大众创业、万众创新"的号召，多元利益主体在良好的政策环境下共同提升大数据产业整体的理论研究和应用水平，进而形成健康的大数据产业发展生态。

在"互联网+"背景下，大数据产业的协同发展模式呈现多样化，主要体现在战略协同、产业协同和技术协同三个方面。战略协同主要是根据大数据产业的特殊性，在"中国制造2025"战略背景下，通过工业化和信息化的融合有效促进大数据产业协同创新发展。两化的融合发展激发了制造业的创新活力，促进了大数据产业与制造业的协同创新。大数据产业的发展将促进制造业向高端化迈进，制造业又将反过来促进大数据产业的持续创新发展。产业协同主要是指在两化融合的基础上，抓住智能制造发展的契机，以对工业大数据的深度分析为智能制造提供技术支持。工业互联网驱动工业智能化，大数据产业中的云服务、物联网等将推动智能制造业的创新发展。技术协同主要是指人工智能技术与大数据技术的相互渗透，通过利用已有人工智能技术来促进大数据产业的创新发展以及实现产品的智能化。从发展的角度可以看出，大数据产业协同创新生态体系是不断升级的，创新模式由线性向生态化发展。

2. 大数据产业协同创新运行机制

大数据产业协同创新的核心运行机制是资源共享机制。大数据产业利用协同创新平台整合相关的知识、技术、人才等资源，从而产生集聚效应，促进创新活动的开展。通过产业链上游与下游的连接，高端化的创新资源可以得到充分共享与利用。通过大数据产业协同创新，将不同参与者的运营情况的信息进行整合、分析与处理，并将处理后的信息反馈给各参与主体，有助于为各参与者的进一步发展提供决策参考。通过完善价值链，实现参与主体的价值升级，并借助互联网平台实现人与信息的交互，持续推动大数据产业的协同创新发展。

（二）大数据产业协同创新动因分析

大数据产业协同创新特征。大数据产业主要以互联网为载体，产业链的上下游贯穿着消费主体对数据的利用，因此，大数据产业协同创新的特征表现为协同领域广和协同模式多样化。协同领域广主要体现在以下几个方面：在产业领域，大数据产业协同创新有助于降低各产业的成本，促进价值增值，促进科学决策；在教育领域，大数据产业协同创新实现了教育决策的科学化和民主化；在军民融合领域，大数据产业协同创新推动了军民融合产业的深度发展；在城市治理领域，人们利用大数据技术采取数据规训的方式成功实现了城市的秩序规训。协同模式多样化主要体现在三个方面。第一，战略目标协同。大数据产业协同创新必然将多个产业的发展战略目标进行有效整合，在双方达成共识后，相互合作，利益共享。第二，产业梯度与差异化协同。大数据产业在协同创新发展过程中的梯度和差异化能够有效促进大数据产业协同创新的高质量发展。第三，法治保障协同。大数据产业的特点在于数据的无形性，因此，对知识产权的保护尤为重要，其有利于促进各主体的良性竞争。

大数据时代，我国传统的经济发展模式已不能驱动经济更高质量发展，国民经济转型升级迫在眉睫。在此背景下，大数据产业协同创新与新旧动能转换、产业转型升级等要求高度契合，是去产能、去库存的重要技术手段，是促进经济增长的新动力。信息技术的发展催生了包括大数据在内的人工智能、云计算等高新技术，持续更新升级的信息技术将为这些前沿技术的融合编织稳固的纽带。在此基础上，这些前沿技术的协同创新将具有实现超级规模数据库的建立、超快速的数据分析、超高精度的数据处理等强大性能。将这些技术应用到国民经济的各个领域中，有助于推动这些领域的创新，从而为国民经济的发展注入新动力。

大数据产业协同创新是提升政府治理能力的新途径。大数据产业协同创新将从加强政府公共服务职能、提高政府政务服务能力、完善政府信息公开制度、加强政务监管四个方面提升政府治理能力。

首先，大数据产业协同创新有助于加强政府的公共服务职能，推进服务型政府的建立。交通、基础设施等领域是民众使用高频、需求迫切的公共服务领域。在大数据产业协同创新过程中，政府有关部门可以利用大数据技术挖掘国民对公共服务的精细化需求，为政府高效履行职能提供决策依据。

其次，大数据产业协同创新有助于提高政府的政务服务能力，推进智慧型政府的建立。大数据技术是一种新兴前沿技术，政府有关部门已开始利用大数据技术将数据的规模计算、分析、处理应用于日常管理工作。大数据技术的利用有助于政府梳理海量数据，挖掘数据价值；有助于政府开通电子政务平台，实施电子政务操作，从而推动形成政府治理现代化体系。

再次，大数据产业协同创新有助于完善政府信息公开制度，推动开放型政府的建立。应利用大数据技术对政府工作领域内的微型数据、小型数据、大型数据进行综合分析、处理，从中挖掘出与城乡居民联系密切的有价值的数据并在政务信息中公开，以促进政府数据的开放共享。

最后，大数据产业协同创新有助于加强政务监管，推进阳光型政府的建立。大数据产业协同创新将有效汇集政府工作各个环节的数据，通过大数据技术的分析功能，识别并锁定权力运行的合理范围，对权力进行有效监督，促使权力在阳光下运行。

大数据产业协同创新是实施创新驱动发展战略的现实需求。大数据产业协同创新将渗透到各个行业，带动各个行业的创新，进而驱动整个国民经济的发展。随着大数据在工业、金融业、健康医疗业等产业的应用不断深化，产业的发展方式将逐渐转变，产业发展也将不断获得新的动力。在工业方面，2018 年 6 月工信部印发《工业互联网发展行动计划（2018—2020 年）》，明确提出推动百万工业企业上云，而此计划只有通过工业与大数据产业协同创新才能实现。这种新型的工业发展方式是工业转型发展的有益实践，将有助于提升国民经济现代化的速度、规模和水平。在金融业方面，由大数据处理带来的量化交易等智能投顾将为金融业开辟新的蓝海市场。这种智能投顾方式不仅能弥补传统金融交易的某些不足，还能减少交易成本。在健康医疗产业方面，大数据产业的协同创新将有助于推动"互联网＋健康医疗"数据库的建立，满足患者个性化的需求，开启多元医疗应用市场，发挥健康医疗等新兴产业拉动经济增长的引擎作用。此外，大数据产业协同创新也将减少市场中交易主体信息不对称问题。无论在哪种市场，都可以依据某一现实应用需求采集数据建立相应的数据库，大数据技术将帮助企业、个人从海量的数据库中挖掘出所需信息，帮助企业、个人进行交易决策，减少信息不对称问题的发生。

三、大数据产业协同创新推进策略

近年来，我国大数据产业协同创新获得了快速发展，但仍存在一些问题。首先，虽然协同创新的规模大，但质量较低。低端的大数据产业协同创新难以形成规模效应，开发成本较高。其次，虽然大数据产业协同创新模式多样，但缺乏有效模式的创新。很多大数据产业协同创新模式不可复制、不可推广。最后，大数据产业与传统产业之间难以实现有效融合。产业结构的不合理给大数据产业协同创新带来了严重阻碍。基于以上问题，提出以下对策建议：

（一）构建大数据产业协同创新生态体系

随着经济的快速发展和科学技术的不断更迭，大数据产业在我国发展迅速。信息通信技术的快速发展为大数据产业的发展提供了技术支持，国家大数据战略和各级政府相关政策部署加快了大数据产业的发展进程。在诸多有利因素的影响下，我国大数据产业蓬勃发展，市场潜力逐步显现。从区域发展来看，我国大数据产业区域发展差异较为明显，东部发展迅速，西部次之，中部再次之，东北部排在最后，但各地区大数据产业规模都呈增长之势。我国具有代表性的大数据产业集聚区主要有京津冀地区、珠三角地区、长三角地区和大西南地区。其中，大数据产业最集聚的地区是京津冀地区，其辐射范围也在逐渐扩大；利用信息产业和计算中心的优势，珠三角地区不断加强大数据产业的集聚发展；长三角地区则积极推动大数据应用于公共服务领域；大西南地区利用政策优势，积极培育、引入大数据产业以带动区域经济发展。我国大数据产业市场规模在 2018 年达到 437.8 亿元，是 2012 年市场规模的近 13 倍，成为我国新的经济增长点。

（二）积极探索大数据产业协同创新模式

既具特色又可以复制推广的大数据产业协同创新模式可以为大数据产业的可持续发展提供动力。大数据产业作为新兴战略产业，其发展打破了传统产业发展的模式，通过注入"互联网+"的活力，与其他产业协同发展，构建出以企业为核心的大数据产业协同创新模式。有关部门应借助互联网中的云服务，引导其他产业与大数据产业协同发展，运用互联网技术优化整合两者之间的组织关系和发展关系。要遵循市场化、信息化原则，推动大数据产业链向高端发展，使产业协同发展的效率不断提高。通过成立区域"协同创新战略联盟"，建立合作团队，共同规划本区域大数据产业协同创新发展模式，以战略联盟为纽带，形成分支智库，从技术、管理、运营等多方面探讨协同创新模式的构建，并通过不断尝试，形成较为成熟的协同创新模式。

（三）推动大数据产业科技资源信息共建共享

从现有情况来看，科技资源共享主要存在有偿共享和不共享两种情况，只有一小部分是无偿共享，但共享方式比较单一。虽然有关部门搭建了很多网络平台，但其仅仅提供某些资源的信息简介，并不展现具体的资源内容。因此，有必要搭建大数据产业协同创新发展科技资源信息共享平台，将不同部门收集到的信息资源进行共享。政府各部门应对资源进行有效协调，保证信息沟通顺畅，解决多种来源信息的管理问题；定期对资源保存单位开展监督和评价工作，为科技资源信息的共享保驾护航；处理好政府与科研单位之间的信息管理关系，因为很多科技资源信息都是由科研单位提供的，政府要求资源信息共享，难免会受科研单位的限制，因此，政府应设立专门的岗位，安排专人从事资源的共享共建工作。参与共享共建的单位应积极履行共享协议，对共享资源的利用情况及时反馈。

（四）促进大数据产业结构不断优化升级

大数据产业结构的优化升级主要涉及大数据对于政府、企业和个人的应用价值的提升。要挖掘大数据在企业商业方面的价值是实现企业资源优化配置的关键所在。企业是大数据产业协同创新的重要载体，因此，要利用大数据技术深度挖掘企业在发展大数据产业方面的客观条件，择优选择出优质企业来推动大数据产业的协同创新发展。大数据产业在积极挖掘商业价值的同时，也要兼顾政府和个人方面的价值，使整体发挥出的经济效益最大化。大数据分析结果可以为政府决策提供参考，有助于改善民生。政府不仅是大数据的主要支配者，也是大数据产业协同创新发展的主要评价者。在工业化和信息化深入融合的背景下，大数据在促进企业特别是工业企业信息化水平的提升方面能够起到至关重要的作用，而工业企业信息化水平的提升能促进相关产业链的延伸并推动产业链向高端发展。为保证大数据产业协同创新的顺利进行，政府必须做好统筹规划、协调、组织等工作；为保证市场在资源配置中起决定性作用，也要充分发挥市场的作用。此外，在"互联网＋"和智能制造背景下，需要重视"未来型"大数据的建设。所谓"未来型"大数据建设，就是在网民不断增加的背景下，大数据在未来可以持续产生、不断积累，并被运用到社会生活的各个领域，进而为大数据产业协同创新发展打下坚实的基础。

第四章 大数据与数据挖掘

第一节 基于大数据时代的数据挖掘技术

随着计算机互联网技术的发展，信息数据在生活中显现出了越来越重要的作用，可以说大数据时代已经到来。因此人们需要高效自动化的数据分析技术对大量冗杂无规律的信息进行分类管理，数据挖掘技术应运而生。为了更好地利用大数据系统，本节对大数据系统中的数据挖掘技术进行了分析，并列举了数据挖掘技术在实际生活领域中的广泛应用。

一、大数据与数据挖掘的相关概述

麦肯锡研究院在《大数据：创新、竞争和生产力的下一个新领域》中提到，数据已经融入了人们的日常生活中。通过对大数据的研究和分析，能够使人们的消费以及生产水平都有一个跨越式的提升。截至 2018 年，全球数据量增加了 4.8 ZB，换句话说，世界上的每个人都具有至少 500 GB 的数据量，而且这一数据在未来的几年还会以极快的速度增长。

大数据的增长存在以下四个方面的挑战：数据的含量、数据的传输速度、数据分类的多样性以及数据的真实性。大量化是大数据"量"的特点，多样性特点表现在大数据的来源和格式都多种多样，数据传输的速度性表现在数据产生的速度快、处理要求快，能够满足人们日常对数据及时性的要求。最后大数据的真实性指的是真正能够为人们提供服务和帮助的并不是大数据的规模，而是大数据的质量和真实程度，真实性是人们通过大数据制订计划决策的前提和基础。

数据挖掘技术作为一种新兴科技在 20 世纪 80 年代被提出，数据挖掘技术最初是被科学工作者应用在人工智能技术的开发和利用当中的。简单来说，数据挖掘就是对大量数据进行挖掘和创新的过程，即在大量冗杂、随机的数据中挖掘出有用的目标数据，创造出挖掘价值和激发挖掘潜力。

随着时代的发展以及网络技术的飞速发展，现阶段全球数据飞速增长，2011 年全球数据就超过了 1.8 万亿 GB，几年过后这个数值达到 90 万亿 GB，短短 10 年时间增长了 50 倍左右，毫无疑问我们已经迈入了大数据时代。数据挖掘技术正在发展为一种通过计算机技术对企业运营生产产生重大影响的管理策略，尤其是在信息化发展和数据应用较多的领域，数据挖掘技术的应用意义更为重大。

二、大数据时代数据挖掘的技术方法

根据不同的目标和需要，找出最为合适的分析方法。总体来说现阶段常用的数据挖掘技术方法有以下几种。

（一）聚类分析

聚类分析是一种无预期、无监督的分析过程，它通过对某些事物进行聚合和分组，将类似的事物组成新的集合，并找到其中有价值的部分。聚类分析的基础是"物以类聚"，根据事物的特征将其划分为不同的类别。

现阶段数据挖掘领域中较常用的聚类算法包括 CURE 算法、BIRCH 算法以及 STING 算法。

CURE 算法：CURE 将每个数据点定义为一簇，然后通过某一收缩条件对数据点进行收缩，这样相距最近的代表点的簇就会相互合并，这样一个簇就可以通过多个代表点进行表示，进而使 CURE 能够适应非球形形状。

BIRCH 算法：该算法是一个综合的层次聚类分析方法，对于具有 N 个数据点的簇 $\{X\}$（i=1，2，3，4，5……N），其聚类特征向量可以表示为（N，SS），其中 N 代表簇中含有点的数量，向量 LS 是这 N 个点的线性和，SS 是各个数据点的平方和。另外，如果两个类的聚类特征分别为（N_1，S_1，SS_1）和（N_2，S_2，SS_2），那么这两个类经过合并后的聚类特征可以表示为（N_1+N_2，S_1+S_2，SS_1+SS_2）。BIRCH 算法通过聚类以上特征可以科学的对中心、半径、直径以及类间距离进行运算。

STING 算法：STING 算法将整体空间划分为若干个矩形单元，根据分辨率的不同，将这些矩形单元分为不同的层次结构。几个低层的单元组成了高一层的单元，因此高一层的统计参数可以通过对低层单元计算得出。这些统计参数包括最大值、最小值、平均数、标准差等。STING 算法的特点是其计算与统计查询是相互独立的，因此其运算效率较高且易于进行并行处理以及增量更新。

（二）分类和预测

分类和预测是两个不同的重要步骤，其中分类是对各个类别中标号的估计，这些标号是分散并且没有规律的。预测则是通过连续的函数值建立的函数模型。分类是进行数据挖掘的起始步骤，它是对可预测的数据按照相应的描述或者特征构建有关的不同区域；分类的方法有很多种，其中较为常见的包括神经网络以及决策树等。预测主要是回归基础，对数据未来的动态方向的估计，现阶段较为常见的预测方法包括回归分析法和局势外推法等。

（三）关联分析

人们在日常生产生活中不难发现，各个不同的事物之间是具有盘根错节的关联的，像一件事件的发生随后会引起一系列相关事件的发生，一个意外的出现也会引发更多不同的意外。关联分析法就是通过对一系列事件发生的概率及时地进行分析，找到它们之间的规律，利用发现的规律对未来可能发生的事件进行预估和决策。像著名的沃尔玛啤酒和纸尿布案例的分析：沃尔玛营销人员发现商场内部啤酒的销量和纸尿裤的销量总是成正比，通过关联分析法得出结论，婴儿的父亲在购买纸尿裤的时候总是习惯性地顺手买两罐啤酒。根据这一分析结果，沃尔玛将纸尿裤货架与啤酒货架摆放在了一起，从而大大促进了两种产品的销量。

三、大数据时代数据挖掘技术的应用

（一）金融领域

金融领域需要对数据进行大量的收集和处理，通过对大量数据进行分析可以建立某些模型并发现相应的规律，从而会发现一些客户的习惯和兴趣，赢得客户的信任。另外金融机构通过数据挖掘技术可以更加迅速有效地观察出金融市场的变化趋势，在第一时间赢得机会。数据挖掘技术在金融领域的应用主要包括账户分类、数据清理、金融市场预测分析以及客户信用评估等。

（二）医疗领域

医疗领域也有大量的数据需要处理，与其他行业不同的是，医疗领域的数据信息由不同的数据管理系统进行管理，且保存的格式也不尽相同。在医疗领域中数据挖掘最重要的任务是对大量的数据进行清理以及对医疗保健所需费用进行预测。

（三）市场营销领域

大数据的数据挖掘技术在市场营销领域的应用主要体现在对消费者的消费习惯以及消费群体消费行为的分析上，根据分析得出的结果在生产和销售上进行调整，提升产品的销售量。另外通过数据挖掘技术能够对客户群体进行分类识别，从无规则无序的客户群体中筛选出有潜力和有高忠诚度的客户，帮助企业寻找到优质客户进而对其进行重点维护。

（四）教育领域

在教育领域，数据挖掘系统也发挥着不可或缺的作用。应用数据挖掘技术可以更好地分析出学生的学习程度和学习特点，教师可以根据分析数据及时地对教学进度和教学内容进行调整，另外可以利用数据挖掘系统对学生的学习成绩进行分析，充分了解学生学习中的弱点，并对学习资源合理优化配置，从整体上提升教学质量。

（五）科学研究领域

最后在信息量极为庞大的生物技术领域以及天文气象等领域，数据挖掘技术更体现出了其强大、智能化的数据分析功能。

总的来说，在大数据时代，数据挖掘技术作为新兴技术具有较大的研究价值与发展空间，因此我们应该在各个领域内对该技术进行研究与探索，借助大数据系统分析提升各行业的经济效益和社会效益。

第二节　大数据时代的数据挖掘发展

随着改革开放的进一步深化，以及经济全球化的快速发展，我国各行各业都有了质的飞跃，发展方向更加全面。特别是近年来科学技术的发展和普及，更是促进了各领域的不断发展，各学科均出现了科技交融。在这种社会背景下，数据形式和规模不断向着更快速、精准的方向发展，促使经济社会发生了翻天覆地的变化，同时也意味着大数据时代即将来临。就目前而言，数据已经改变传统的结构模式，在时代的发展推动下积极向着结构化、半结构化，以及非结构化的数据模式方向转化，改变了以往只是单一地被作为简单的工具的现象，逐渐发展成为具有基础性质的资源。本书主要对大数据时代下的数据分析与挖掘进行了分析和讨论，并论述了建设数据分析与挖掘体系的原则，希望可以为从事数据挖掘技术的分析人员提供一定的帮助和启示，以供参考。

进入 21 世纪以来，随着高新科技的迅猛发展和经济全球化发展的趋势，我国国民经济迅速增长，各行业、领域的发展也颇为迅猛，人们生活水平与日俱增，在物质生活得到极大满足的前提下，更加追求精神层面以及视觉上的享受，这就涉及数据信息方面的内容。在经济全球化、科技一体化、文化多元化的时代，数据信息的作用和地位是不可小觑的，处理和归类数据信息是达到信息传递的基础条件，是发展各学科科技交融的前提。

然而，世界上的一切事物都包含着两个方面，这两个方面既相互对立，又相互统一。矛盾即对立统一。矛盾具有斗争性和同一性两种基本属性，我们必须用一分为二的观点、全面的观点看问题。同时要积极创造条件，促进矛盾双方的相互转变。数据信息在带给人们生产生活极大便利的同时，还会被诸多社会数据信息困扰。为了使广大人民群众的日常生活更加便捷，需要客观、正确地使用、处理数据信息，完善和健全数据分析技术和数据挖掘手段，通过各种切实可行的数据分析方法，科学合理地分析大数据时代下的数据，做好数据挖掘技术工作。

一、实施数据分析的方法

在经济社会快速发展的背景下，我国在科学信息技术领域取得进步。科技信息的发展在极大程度上促进了各行各业的繁荣发展和长久进步，使其发展更加全面化、科学化、专业化，切实加快我国经济的发展，从而形成了一个最佳的良性循环，我国也由此进入了大数据时代。对于大数据时代而言，数据分析环节是必不可少的组成部分，只有科学准确地对信息量极大的数据进行处理、筛选，才能使其更好地服务于社会，服务于广大人民群众。正确处理数据进行分析过程是大数据时代下数据分析至关重要的环节。

（一）Hadoop HDFS

HDFS，即分布式文件系统，主要由客户端模块、元数据管理模块、数据存储服务模块等模块组成，其优势是储存容量较大的文件，通常情况下被用于商业化硬件的群体中。相比于低端的硬件群体，商业化的硬件群体发生问题的概率较低，在储存大容量数据方面备受欢迎和推崇。Hadoop，即分布式计算，是一个用于将应用程序在大型集群的廉价硬件设备上运行的框架，为应用程序的透明化提供了一组具有稳定性以及可靠性的接口和数据运动，可以不用在价格较高、可信度较高的硬件上应用。一般情况下，面对出现问题概率较高的群体，分布式文件系统是处理问题的首选，它采用继续运用的手法进行处理，而且还不会使用户产生明显的运用间断问题，这是分布式计算的优势所在，而且还在一定程度上减少了机器设备的维修和维护费用，特别是针对机器设备量庞大的用户来说，不仅降低了运行成本，而且有效提高了经济效益。

（二）Hadoop 的优点与不足

随着移动通信系统发展速度的不断加快，信息安全是人们关注的重点问题。因此，为了切实有效地解决信息数据安全问题，就需要对大量的数据进行数据分析，不断优化数据信息，使数据信息更加准确、安全。在进行数据信息的过程中，Hadoop 是最常用的解决问题的软件构架之一，它可以对众多数据实行分布型模式解决，在处理的过程中，主要依据一条具有可信性、有效性、可伸缩性的途径进行数据信息处理，这是Hadoop 特有的优势。但是世界上一切事物都处在永不停息的变化发展之中，都有其产生、发展和灭亡的历史，发展的实质是事物的前进和上升，是新事物的产生和旧事物的灭亡，因此，要用科学发展的眼光看待问题。Hadoop 同其他数据信息处理软件一样，也具有一定的缺点和不足。主要表现在以下几个方面。

首先，就现阶段而言，在企业内部和外部的信息维护以及保护效用方面还存在一定的不足和匮乏。在处理这种数据信息的过程中，需要相关工作人员以手动的方式设置数据，这是 Hadoop 所具有的明显缺陷。因为在数据设置的过程中，相关数据信息的准确性完全是依靠工作人员而实现的，而这种方式在无形中会浪费大量的时间，并且在设置的过程中出现失误的概率也会大大增加。一旦在数据信息处理过程中的某一环节出现失误，就会导致整个数据信息处理过程失效，浪费了大量的人力、物力，以及财力。

其次，Hadoop 需要社会投资构建的且专用的计算集群，在构建的过程中，会出现很多难题，比如形成单个储存、计算数据信息和储存，或者中央处理器应用的难题。不仅如此，即使将这种储存形式应用于其他项目上，也会出现兼容性难的问题。

二、实施数据挖掘的方法

随着科学技术的不断发展以及我国社会经济体系的不断完善，数据信息处理逐渐成为相关部门和人们重视的内容，并且越来越受到社会各界的广泛关注和重视，并使数据信息分析和挖掘成为热点话题。在现阶段的大数据时代下，实施数据挖掘项目的方法有很多，且不同的方法适用的挖掘方向不同。基于此，在实际进行数据挖掘的过程中，需要根据数据挖掘项目的具体情况选择相应的数据挖掘方法。数据挖掘方法有分类法、回归分析法、Web 数据挖掘法，等等。以下主要介绍了分类法、回归分析法、Web 数据挖掘法对数据的挖掘过程进行分析。

（一）分类法

随着通信行业快速发展，基站建设速度加快，网络覆盖多元化，数据信息对人们的生产生活影响越来越显著。计算机技术应用与发展在很大程度上促进了经济的进步，提高了人们的生活水平，推动了人类文明的历史进程。在此背景下，数据分析与挖掘成为保障信息安全的基础和前提。为了使数据挖掘更好地进行，需要不断探索科学合理的方法进行分析，以此确保大数据时代的数据挖掘进程更具准确性和可靠性。分类法是数据挖掘中常使用的方法之一，主要用于在数据规模较大的数据库中寻找特质相同的数据，并将大量的数据依照不同的划分形式区分种类。对数据库中的数据进行分类的主要目的是将数据项目放置在特定的、给定的类型中，这样做可以在极大程度上为用户减轻工作量，使其工作内容更加清晰，便于后续时间的内容查找。另外，数据挖掘的分类还可以为用户提高经济效益。

（二）回归分析法

除了分类法之外，回归分析法也是数据挖掘经常采用的方法。不同于分类法对相同特质的数据进行分类，回归分析法主要是对数据库中具有独特性质的数据进行展现，并利用函数关系来展现数据之间的联系和区别，进而分析相关数据信息特质的依赖程度。就目前而言，回归分析法通常被用于数据序列的预计和测量，以及探索数据之间存在的联系。特别是在市场营销方面，实施回归分析法可以在营销的每一个环节中都有所体现，能够很好地进行数据信息的挖掘，从而为市场营销的可行性奠定数据基础。

（三）Web 数据挖掘法

通信网络极度发达的现今时代，大大地丰富了人们的日常生活，使人们的生活更具可及性和便捷性，这是通过大规模的数据信息传输和处理而实现的。为了将庞大的数据信息有目的性地进行分析和挖掘，就需要通过合适的数据挖掘方法进行处理。Web 数据挖掘法主要是针对网络式数据的综合性科技，到目前为止，在全球范围内较为常用的 Web 数据挖掘算法的种类主要有三种，且这三种算法涉及的用户都较为笼统，并没有明显的界限可以对用户进行明确、严谨的划分。随着高新科技的迅猛发展，也给 Web 数据挖掘方法带来了一定的挑战和困难，尤其是在用户分类层面、网站公布内容的有效层面，以及用户停留页面时间长短的层面。因此，在大力推广和宣传 Web 技术的大数据时代，数据分析技术人员要不断完善 Web 数据挖掘法的内容，不断创新数据挖掘方法，以期更好地利用 Web 数据挖掘法服务于社会，服务于人。

三、大数据分析挖掘体系建设的原则

随着改革开放进程的加快，我国社会经济得到明显提升，人们物质生活和精神文化生活大大满足，特别是 21 世纪以来，科学信息技术的发展，更是提升了人们的生活水平，改善了生活质量，计算机、手机等先进的通信设备层出不穷，传统的生产关系和生活方式已经落伍，并逐渐被淘汰，新的产业生态和生产方式喷薄而出，人们开始进入了大数据时代。因此，为了更好地收集、分析、利用数据信息，并从庞大的数据信息中精准、合理地选择正确的数据信息，进而更加迅速地为有需要的人们传递信息，就需要建设大数据分析与挖掘体系，并在建设过程中始终遵循以下几个原则。

（一）平台建设与探索实践相互促进

经济全球化在对全球经济发展产生巨大推力的同时，也使全球技术竞争更加激烈。为了实现大数据分析挖掘体系良好建设的目的，需要满足平台建设与探索实践相互促进，根据体系建设实际，逐渐摸索分析数据挖掘的完整流程，不断积累经验，积极引进人才，打造一支具有专业数据分析与挖掘水准的队伍，在实际的体系建设过程中吸取失败经验，并适当借鉴发达国家的先进数据平台建设经验，取其精华，促进平台建设，以此构建并不断完善数据分析挖掘体系。

（二）技术创新与价值创造深度结合

从宏观意义上讲，创新是民族进步的灵魂，是国家兴旺发达的不竭动力。而对于数据分析挖掘体系建设而言，创新同样具有重要意义和作用。创新是大数据的灵魂，在建设大数据分析挖掘体系过程中，要将技术创新与价值创造深度结合，并将价值创造作为目标，辅以技术创新手段。只有这样，才能达到大数据分析挖掘体系创造社会效益与经济效益的双重目的。

（三）人才培养与能力提升良性循环

意识对物质具有反作用，正确反映客观事物及其发展规律的意识，能够指导人们有效地开展实践活动，促进客观事物的发展。扭曲反映客观事物及其发展规律的意识，则会把人的活动引向歧途，阻碍客观事物的发展。由此可以看出意识正确与否对于大数据分析挖掘体系平台建设的重要意义。据此，要培养具有大数据技术能力和创新能力的数据分析人才，并定期组织教育学习培训，不断提高他们的数据分析能力，不断进行交流和沟通，培养数据分析意识，提高数据挖掘能力，实现科学的数据挖掘流程与高效的数据挖掘执行力，进而提升数据分析挖掘体系平台建设的良性循环。

在经济全球化趋势迅速普及的同时，科学技术不断创新与完善，人们的生活水平和品质都有了质的提升，先进的计算机软件等设备迅速得到应用和推广。人们实现信息传播的过程是通过对大规模的数据信息进行处理和计算形成的，而信息传输和处理等过程均离不开数据信息的分析与挖掘。可以说，我国由此进入了大数据时代。然而，就我国目前数据信息处理技术来看，相关数据技术还处于发展阶段，与发达国家的先进数据分析技术还存在一定的差距和不足。因此，相关数据分析人员要根据我国的基本国情和标准需求对数据分析技术进行完善，提高思想意识，不断提出切实可行的方案进行数据分析技术的创新，加大大数据分析挖掘体系的建设，搭建可供进行数据信息处理、划分的平台，为大数据时代的数据分析和挖掘提供更加科学、专业的技术，从而为提高我国的科技信息能力提供基本的保障和前提。

第三节　大数据技术与档案数据挖掘

信息时代背景下，信息分析与处理方式多式多样。大数据技术近几年开始应用于档案数据挖掘中，使档案管理工作变得信息化和精细化。本节就从大数据技术在档案数据挖掘中的价值与策略进行深入分析。

伴随着大数据时代的到来，数据挖掘技术在档案管理中的应用将进入一个新的发展时期。尽管档案学术界很早就提出知识管理与知识挖掘，但知识挖掘尚停留在概念和理论探讨阶段。大数据挖掘，即从大数据中挖掘知识。大数据挖掘技术有效地解决了数据和知识之间的鸿沟，是将数据转变成知识的有效方式。大数据时代的数据挖掘技术带来的根本性改变是使数据的深度挖掘成为可能，对大量数据进行分析处理和智能化挖掘，从管理角度来看，要达到最优的结果，不仅数据要全面、可靠、有价值，而且需要对数据进行深度挖掘。

一、大数据技术与档案数据挖掘内容

（一）挖掘档案资源

在大数据技术支持下，档案管理工作的思路应转变为"大数据"，合理整合档案数据，建立完善的大数据档案资源体系和共享软件档案数据资源库，从而实现馆藏档案的共享和联系。此外，云计算平台和互联网技术等推动了地区档案数据资源网络系统的建设与完善，使档案用户查询相关资料更加方便简捷。

（二）用户数据挖掘

大数据技术下的档案资源挖掘，可以挖掘更多的用户数据，使大数据档案服务变得更加精准，同时也提升了用户的体验感与认同感。在进行档案数据挖掘的时候，应该重点对用户的档案信息、用户统计资料等进行挖掘整理。在档案数据挖掘的时候，可以利用大数据技术访问用户的浏览日志文件，还可以用数据分析技术进行档案资料分析，对用户的检索关键词进行数据化统计，从而提高档案信息查准率。

二、利用大数据技术进行档案数据挖掘的有效措施

（一）构建以大数据技术为核心的数据资源体系

随着社会的进步，档案数据应展现时代特色，构建中华民族个体记忆的"中国式"数字资源库。数字资源可以是文本形式、音频形式、图片形式等。首先，应扩大档案数据资源总量，加大实体档案资源的建设，完善实体档案门类，优化馆藏档案结构。其次，应重点建设数字资源，构建完善的数字化档案资源库，使电子档案分门别类地归档。最后，应大力整合档案数据资源，实现资源共享，增加数据应用价值。一方面，在档案数据管理方面，大数据技术为档案管理与档案挖掘提供了有效保证；另一方面，在大数据技术对档案的深入挖掘中，还进一步优化了档案馆的使用功能。

（二）构建和谐的用户关系管理，增大数据内在关联

在大数据时代，人们应该转变原有的"因果关系"认知思路与观念，用"相互关系"取代传统思想，用新的视觉看待档案数据挖掘，用新的技术去挖掘档案数据，将以前的"知道为什么"变成"知道是什么"。大数据技术有预测分析的功能，可以对档

案用户之前的网上行为、现在进行的行为进行分析，还可以根据用户的基本情况预测未来的行为，挖掘出数据之间的关联性，实现档案资源的集成、创新与优化。可以借助大数据技术，统计分析用户的行为轨迹，研究用户的使用习惯和兴趣，分析用户的储存行为等，在隐性层面满足用户的实际需求。例如，借助大数据技术针对不同的用户，可以产生动态推荐超级链接列表。

（三）利用大数据技术保护数据安全

在大数据时代，信息隐私安全保护面临着严峻考验，技术因素和人力因素都会影响数据的安全性，如果合理利用大数据技术，就可以为档案管理工作提供可靠的预测决策的情报。首先，应健全大数据档案挖掘法律法规，加强对个人档案信息隐私的保护力度，此外，还应建立个人档案数据安全管理体系，合理管理档案信息，避免发生数据外泄和丢失等现象。其次，选择可以保护数据隐私的挖掘方法与技术，明确私人信息和公共信息，先确保私人信息的安全，再进行深入数据挖掘。

（四）实施智慧因子联合大数据技术的数据挖掘模式

自"智慧城市"概念提出以后，"智慧因子"被广泛应用于各行各业中，例如智慧上海、智慧物流、智慧档案馆等。智慧档案馆就是档案数据挖掘中"智慧因子联合大数据技术"的实际应用案例，在大数据技术中植入智慧因子，将智慧服务变为档案馆理论，在互联网技术和物联网技术的支持下，形成智能网络体系，真正实现档案信息资源的有机整合和广度挖掘，推动我国档案服务的信息化和智慧化发展。大数据技术可以将各种档案资源进行有机整合，同时，借助智慧因子，创新智慧服务理念和手段，使档案数据资源开发更加个性化，同时让隐性知识变得显性化。

综上所述，在大数据时代背景下，大数据档案、大数据服务、智慧档案等都大大促进了档案管理工作的开展。随着科学技术的不断发展，未来档案管理工作中应真正落实大数据技术，使每位档案管理人员在工作中都可以轻车熟路。档案数据挖掘有几个不同的环节，在应用大数据技术的时候，应该认清数据挖掘环节的特性，采取合理的数据挖掘措施，实现档案数据资料的有效挖掘和合理运行，实现大数据技术档案数据的良性循环。

第四节　遥感大数据自动分析与数据挖掘

成像方式的多样化以及遥感数据获取能力的增强，导致遥感数据的多元化和海量化，这意味着遥感大数据时代已经来临。然而，现有的遥感影像分析和海量数据处理技术难以满足当前遥感大数据应用的要求。发展适用于遥感大数据的自动分析和信息挖掘理论与技术，是目前国际遥感科学技术的前沿领域之一。本节围绕遥感大数据自动分析和数据挖掘等关键问题，深入调查和分析了国内外的研究现状和进展，指出了在遥感大数据自动分析和数据挖掘的科学难题和未来发展方向。

一、大数据和遥感大数据

近年来，随着信息科技和网络通信技术的快速发展，以及信息基础设施的完善，全球数据呈爆发式增长。国际数据公司（International Data Corporation，IDC）的最新研究指出，全球过去几年新增的数据量是人类有史以来全部数据量的总和，2020 年，全球产生的数据总量中 95% 的数据是不精确的、非结构化的数据。一般而言，把这些非结构化或半结构化的、远超出正常数据处理规模、通过传统的数据处理方法分析困难的数据称为大数据。大数据具有体量大（volume）、类型杂（variety）、时效强（velocity）、真伪难辨（veracity）等特征。

大数据隐含着巨大的社会、经济、科研价值，被誉为未来世界的"石油"，已成为企业界、科技界乃至政界关注的热点。2008 年和 2011 年 *Nature* 和 *Science* 等国际顶级学术刊物相继出版专刊探讨对大数据的研究，标志着大数据时代的到来。在商业领域，国际商业机器公司（IBM）、甲骨文、微软、谷歌、亚马逊、脸书等跨国巨头是发展大数据处理技术的主要推动者。在科学研究领域，2012 年 3 月，美国奥巴马政府 6 个部门宣布投资 2 亿美元联合启动"大数据研究和发展计划"，这一重大科技发展部署，堪比 20 世纪的信息高速公路计划。英国也将大数据研究列为战略性技术，对大数据研发给予优先资金支持。2013 年英国政府向航天等领域的大数据研究注资约 1.9 亿英镑。我国也已将大数据科学的研究提上日程，2013 年国家自然科学基金委开设了"大数据"研究重点项目群。总体而言，大数据科学作为一个横跨信息科学、社会科学、网络科学、系统科学、心理学、经济学等诸多领域的新兴交叉学科，已成为科技界的研究热点。

目前来看，国际上针对大数据的科学研究仍处于起步阶段，大数据的工程技术研究走在科学研究的前面。绝大多数研究项目都是应对大数据带来的技术挑战，重视的是数据工程而非数据科学本身。为了深入研究大数据的计算基础研究，需要面向某种特定的应用展开研究。

在遥感和对地观测领域，随着对地观测技术的发展，人类对地球的综合观测能力达到空前水平。不同成像方式、不同波段和分辨率的数据并存，遥感数据日益多元化；遥感影像数据量显著增加，呈指数级增长；数据获取的速度加快，更新周期缩短，时效性越来越强。遥感数据呈现出明显的"大数据"特征。

然而，与遥感数据获取能力形成鲜明对比的是遥感信息处理能力十分低下。现有的遥感影像处理和分析技术，主要针对单一传感器设计，没有考虑多源异构遥感数据的协同处理要求。遥感信息处理技术和数据获取能力之间出现了严重的失衡，遥感信息处理仍然停留在从"数据到数据"的阶段，在实现从数据到知识转化上明显不足，对遥感大数据的利用率低，陷入了"大数据，小知识"的悖论。更有甚者，由于大量堆积的数据得不到有效的利用，海量的数据长期占用有限的存储空间，将造成某种程度上的"数据灾难"。

大数据的价值不在其"大"而在其"全"，在其对数据背后隐藏的规律或知识的全面反映。同样，遥感大数据的价值不在其海量，而在其对地表的多粒度、多时相、多方位和多层次的全面反映，在于隐藏在遥感大数据背后的各种知识（地学知识、社会知识、人文知识等）。遥感大数据利用的终极目标在于对遥感大数据中隐藏知识的挖掘。因此，有必要研究适应于遥感大数据的自动处理和数据挖掘方法，通过对数据的智能化和自动分析从遥感大数据中挖掘地球上的相关信息，实现从遥感数据到知识的转变，突破这种"大数据，小知识"的遥感数据应用瓶颈。

在大数据的背景下，借助和发展相关技术，开展对遥感大数据的研究，一方面可以丰富"大数据科学"的内涵，另一方面也可有效地破解遥感对地观测所面临的"大数据，小知识"的困局，具有十分重要的科学价值和现实意义。

二、遥感大数据的自动分析

遥感大数据的自动分析是进行遥感大数据信息挖掘、实现遥感观测数据向知识转化的前提，其主要目的是建立统一、紧凑和语义的遥感大数据表示，从而为后续的数据挖掘奠定基础。遥感大数据的自动分析主要包含数据的表达、检索和理解等方面。

（一）遥感大数据的表达

随着对地观测遥感大数据不断发展，其语义的复杂性、数据维度语义的丰富性、传感器语义的多样性等新特点使传统的表达方式已不能满足实际应用需求。同一地物的不同粒度、时相、方位和层次的观测数据可以看作该地物在不同观测空间的投影，因此，遥感大数据的特征提取需要考虑多源、多分辨率影像特有的特征表达模型，以及特征间的关系和模型的相互转化。研究遥感大数据的特征计算方法，从光谱、纹理、结构等低层特征出发，抽取多元特征的本征表示，跨越从局部特征到目标特性的语义鸿沟，从而建立遥感大数据的目标一体化表达模型是遥感大数据表达的核心问题。研究内容主要包括：

（1）遥感大数据的多元离散特征提取：在大数据的框架下，需要研究多分辨率、多数据源、多时空谱的遥感影像特征提取，形成遥感大数据在不同传感器节点的离散、多元特征提取方法。

（2）遥感大数据多元特征的归一化表达：遥感大数据的特征提取需要考虑多元化

离散特征的融合和降维。特征融合旨在把多元特征统一到同一个区分特征空间中，用数据变换的方式将不同源、不同分辨率的离散特征同化到大数据的应用空间。同时，多元特征的维数分析目的在于将遥感大数据的高维混合特征空间进行维数减少，形成归一化的低维特征节点和数据流形，以提高大数据处理的效率。

（二）遥感大数据的检索

遥感大数据应用正朝着网络化、集成化的方向发展。世界各国也纷纷制订了国家级别空间数据基础设施的计划，旨在通过网络的方式，提供高程模型、正射影像、水文、行政边界、交通网络、地籍、大地控制以及各种专题数据的访问与下载服务。例如，美国政府建立的空间信息门户，其目标在于建立一站式地理空间站点，以提高政府工作效率以及为大众提供空间信息服务，在一定程度上方便了信息的获取。然而，这种服务模式主要是通过目录搜索的方式提供数据下载，对于数据的处理和分析还远远不够，难以实现对用户需求的按需服务。现有的地理信息和遥感数据服务链还难以对任务需求变化和动态环境变化进行自适应处理，也难以在任务并发情况下进行服务协同优化。

为了从海量遥感大数据中检索出符合用户需求和感兴趣的数据，必须对数据间的相似性和相异性进行衡量。在此基础上的高效遥感大数据组织、管理和检索，可以实现从多源多模态数据中快速地检索感兴趣目标，提高遥感大数据的利用效率。对于遥感场景数据的检索目前基本实现了基于影像特征的搜索。然而，在遥感大数据中，同一地物的不同观测数据存在大量的冗余性和相似性，如何利用这些冗余信息，研究图像的相似性或差异性、充分挖掘图像的语义信息，有效地提高检索效率是遥感大数据利用的关键问题。

仅针对某一类型图像的传统遥感图像检索方法已难以适用于遥感大数据的检索，发展知识驱动的遥感大数据检索方法是有效途径之一，主要包括：

（1）场景检索服务链的建立：由于遥感图像描述的是地表信息，不存在明确或单一的主题信息，而传感器和成像条件的多样化又导致了遥感图像的多样化，因此，需要在遥感影像语义特征提取、目标识别、场景识别与自主学习的基础上，针对不同类型遥感数据的特点，建立适合数据类型与用于需求的场景检索服务链，获取不同类型遥感数据所共有的地学知识，为检索多源异质数据提供知识基础。

（2）多源海量复杂场景数据智能检索系统：海量场景数据智能检索系统基于用户给定的待检索信息（文本描述、场景图像等）对多源海量遥感数据进行检索，快速返回用户所需的场景。

（3）融入用户感知信息的知识更新方法：相关反馈技术作为一种监督的自主学习方法，是基于内容的图像检索中提高图像检索性能的重要手段。相关反馈是一种通过用户对检索结果的反馈，把低层次特征与高层语义进行实时关联的机制，其基本思想是：查询时，首先由系统对用户提供查询结果，其次用户反馈给系统其对于结果的满意程度，从而锻炼和提高系统的学习能力以模拟人类对图像的感知能力，达到高层语义检索的目的。

（三）遥感大数据的理解

遥感大数据科学的主要目标是实现数据向知识的转变，因此遥感大数据场景的语义理解至关重要。目前对于遥感场景数据的处理基本实现了由"面向像素"到"面向对象"的处理方式的过渡，能够实现对象层—目标层的目标提取与识别。然而，由于底层数据与高层语义信息间存在语义鸿沟，缺乏对目标与目标关系的认知、目标与场景关系的认知，造成了在目标识别过程中对获取的场景信息利用能力不足的问题。为了实现遥感大数据的场景高层语义信息的高精度提取，在遥感大数据特征提取和数据检索的基础上，应主要研究以下内容：

（1）特征—目标—场景语义建模：为了实现遥感大数据的场景语义理解，克服场景理解中的语义鸿沟问题，需要发展目标—场景关系模型、特征—视觉词汇—场景模型、特征—目标—场景一体化模型三个方向，研究特征—目标—场景的语义模型。

（2）遥感大数据的场景多元认知：以多源、多尺度等多元特征为输入，以特征—目标—场景语义模型为基础，研究遥感大数据的场景多元认知方法，提供多元化语义知识输出。

（四）遥感大数据云

遥感云基于云计算技术将各种遥感信息资源进行整合，建立基于遥感云服务的新型业务应用与服务模式，提供面向公众的遥感资源一体化的地球空间服务。遥感云将各种空天地传感器及其获取的数据资源、数据处理的算法和软件资源以及工作流程等进行整合，利用云计算的分布式特点，将数据资源的存储、处理及传输等分布在大量的分布式计算机上，使用户能快速地获取服务。国家测绘地理信息局建设的地理信息综合服务网站——天地图，就是利用分布式存储技术来存储全球的地理信息数据，这些数据以矢量、影像、三维三种模式来展现，通过门户网站实现了地理信息资源共享。Open RS Cloud 是一个基于云计算的开放式遥感数据处理与服务平台，可以直接利用其虚拟 Web 桌面进行快速的遥感数据处理和分析。GeoSquare 利用高效的服务链网络为用户提供输入输出管理工具来构建可视化的服务链模型进行遥感数据处理。目前正在建立的空天地一体化对地观测传感网旨在获取全球、全天时、全天候、全方位的空间数据，为遥感云中数据获取、处理及应用奠定基础。

三、遥感大数据挖掘

数据挖掘是指从大量数据中通过算法搜索其隐藏信息的过程，是目前大数据处理的重要手段和有效方法，可以从遥感大数据中发现地表的变化规律，并探索出自然和社会的变化趋势。下面将具体分析遥感大数据挖掘过程、遥感大数据和广义遥感大数据的综合挖掘、遥感大数据挖掘的潜在应用。

（一）遥感大数据挖掘过程

对大数据进行数据挖掘整个过程包含数据获取与存储、数据处理与分析、数据挖掘、数据可视化及数据融合等，这些过程都具有大数据的特点。而相较于数据检索和信息提取而言，数据挖掘的难度更大，它依赖于大数据和知识库的智能推理等的理论和技术支撑。遥感大数据的数据挖掘具体过程为：首先是数据的获取和存储，存储从各种不同的传感器获取的海量、多源遥感数据并利用去噪、采样、过滤等方法进行筛选整合成数据集；其次对数据集进行处理和分析，如利用线性和非线性等统计学方法分析数据并根据一定规则对数据集分类，并分析数据间及数据类别间的关系等；接着对分类后的数据进行数据挖掘，利用人工神经网络、决策树、云模型、深度学习等方法探索和发现数据间的内在联系、隐含信息、模式及知识；最后可视化这些模式及知识等，用一种直观的展示来方便用户理解，并将有关联的类别进行融合，方便分析和利用。

（二）遥感大数据和广义遥感大数据的综合挖掘

遥感大数据是地物在遥感成像传感器下的多粒度、多方位和多层次的全面反映。一方面，它能与 GIS 数据等其他空间大数据有较好的互补关系；另一方面，广义的遥感大数据应该包含所有的非接触式的成像数据，这些遥感大数据和广义遥感大数据的综合信息挖掘能揭示更多的地球知识和变化规律。

随着智慧城市在中国和全世界的推广以及视频架构网的完善，视频监控头作为一种特殊的遥感传感器在城市的智慧安防、智慧交通和智慧城管中有大量应用。2005 年国务院启动平安城市的计划，在 660 个城市装了 2200 多万个摄像头，大部分城市装了25 万～60 万个摄像头，存储的数据达到 PB 级别。这些广义遥感时空大数据包含了丰富的信息，如果对这些数据进行信息挖掘，就可以从中发现地球上的一些精细尺度的变化规律，例如人类的生活和行为等。

然而这些广义遥感时空大数据，目前不仅存储费用昂贵，而且不能得到很好的分析，无法发挥其在智慧城市中的作用，急需寻求自动化的数据智能处理和挖掘的方法，发展对空间地理分布的视频数据进行时空数据挖掘的新理论和新算法。

时空分布的视频数据挖掘其目的不仅是进行智能的数据处理和信息提取，更重要的是通过时空分布的视频数据挖掘自动区分正常行为和异常行为的人、车、物，从而对海量的视频数据进行适当的处理，例如删除与人们正常活动有关的、需要保护的私隐活动数据，而保留包含可疑事件的数据。

时空数据挖掘指从时空数据中提取出隐含的、未知的、有用的信息及知识，时间维度和空间维度增加了其挖掘过程的复杂性，因此，时空数据的挖掘需要综合运用多种数据挖掘方法，如统计方法、聚类法、归纳法、云理论等。时空分布的视频数据挖掘的主要研究内容包括行为分析、基于时空视频序列的事件检测等内容。

（三）遥感大数据挖掘的潜在应用

遥感大数据挖掘不仅能用于挖掘地球各种尺度的变化规律，而且能用于发现未知的，甚至与遥感本身不相关的知识，其中一个典型的应用是用夜光遥感技术发现夜光和战争之间的关系。例如，借助美国国家海洋和大气管理局免费公布的相关卫星数据，可以绘制出 169 个国家的夜光趋势图，通过统计分析得到全球夜光波动指数，发现每年夜光波动程度与当年全球发生武装冲突数量的相关度很高，相关系数达到 0.7 以上。如果利用数据挖掘的方法把所有国家按照夜光波动进行分级，夜光波动最大的一类国家，在近 20 年内发生战争的概率为 80%，夜光波动较大或者极大的 53 个国家中，有 30 个遭受战争侵扰。因此，可以得出结论：夜光突然减少，一般情况下对应着战争爆发和因海啸等天灾造成的居民大规模迁徙；夜光突然增加，一般意味着战争结束以及战后、灾后重建。一个国家的夜光波动越大，说明在该段时间发生战争的可能性越大。

未来 10 年，我国遥感数据的种类和数量将飞速增长，对地观测的广度和深度快速发展，急需开展遥感大数据的研究。然而，卫星上天和遥感数据的收集只是遥感对地观测的第一步，如何高效地处理和利用已有的和这些即将采集的海量多源异构遥感大数据，将遥感大数据转化成知识是主要的理论挑战和技术瓶颈。研究遥感大数据的自动分析和数据挖掘，能为突破这一瓶颈提供有效的方法，有望显著提高对遥感数据的利用效率，从而加强遥感在环境遥感、城市规划、地形图更新、精准农业、智慧城市等方面的应用效应。因此，重视和抓紧遥感大数据的研究不仅具有非常重要的学术价值，而且具有重要的现实意义。

第五节　面向大数据的空间数据挖掘

随着我国高新技术的不断发展，各个领域中更多地应用了先进的技术，特别是大数据技术的应用。在大数据时代的发展中，电子产品与电子商务网络引进了计算服务的平台，并且储存了很多的数据信息，对信息资源的不断完善与健全使信息不再是紧缺与匮乏的状态，这对人们生活水平质量的提高起到了很重要的作用。对于现代空间数据的储存量与评价值也逐渐增加，使用传统的人工分析的方式已经不能实现现代社会的发展需求，因此需要加强这方面的信息并引进先进的技术。本节主要对大数据中的空间数据进行详细分析，并针对其中的挖掘技术进行严密的研讨，为以后数据信息的发展提供重要的参考依据。

目前，在国家整体经济不断发展的情况下，带动了人们生活水平的提高。国家各个行业的不断发展与完善，为科学技术的创新与完善奠定了良好的基础。社会经济的快速发展，实现了我国对经济发展的要求，是目前我国经济、政治、文化的发展重要内容。科学技术的发展促使人们对社会的研究上升到空间的角度，目前我国的大数据时代逐渐地完善，空间数据的挖掘也成为未来发展的必然趋势，成为经济、政治、文化发展的重要前提。

所谓的大数据的使用与处理模式需要具有很强的决策能力与洞察能力，同时还需要对流程进行优化、提高增长率。目前很多企业单位与平台所产生的数据都具有很强的参考价值，需要我们不断地挖掘。信息使用的最大特点就是时效性，因此对大数据的处理工作受到人们的广泛关注，但我们面临的主要问题就是企业与平台不能在科学、合理的时间内对数据进行整理、分析。当前我国的信息资源发展的速度很快，也为大数据的发展提供了重要的基础条件。

一、空间数据挖掘的特点

空间数据与普通的数据不同，它具有很强的复杂性与多样性，因此要求空间数据挖掘使用的方式、方法具有一定的特殊性。结合相关的资料参考对于空间数据的挖掘特点总结，根据其自身的特征进行分析主要包括以下几个方面：第一，对于空间数据的来源比较广泛，而且数量比较大，种类很丰富，数据信息的类型比较多，数据的表现形式也是多种多样、比较复杂。第二，数据信息的依托方式具有很高的技术水平。一般情况下会使用空间搜索引擎对复杂的空间数据进行收集整理。对于空间数据的挖掘技术的定位也与普通的信息数据整理的方法不同，得到了很大的提高。所以空间数据的挖掘技术也与之前的传统技术有所不同，有很大的提高。第三，对空间数据的挖掘方法也是多种多样，根据不同领域的不同表现形式，使用的技术与范围具有很高的复杂程度，对于使用的技术方法也是随机应变，对于方法的选择需要结合不同领域的研究侧重点不同进行分析，选择合适的挖掘方法。第四，对于空间数据的挖掘过程需要依据多尺度与多维度的原则进行分析，随着国家社会多元化、复杂化的发展对于空间信息的整体要求，空间数据的挖掘方法也会各不相同。因此需要对不同领域的不同信息进行综合分析，主要是由不同类型的领域中的共性所决定。

二、大数据下空间数据的价值

（一）总体认知原貌

目前，大数据环境下的空间数据具有以下几种特点：复杂性、多样化与多维度等。这样可以有助于固有事物属性并进行真实的表现，这样可以协助人类对整个世界的特征、实际情况有一个详细的了解与掌握。传统使用的方法主要是针对某一种事物或者单一的内容进行相关信息的收集、整理、分析，因此只是对这一方面比较了解，缺乏完整性，而且还会在认识上存在一些错误的信息。但是，在新时代大数据信息发达的状态下，收集到的数据信息可以全面地反映对某一事物的认识还有与其他事物之间的联系。这样可以对事物了解得更透彻。因此，要求这些信息更加地真实、准确，这样才能更好地展示这一事物最真实的一面，有助于人们更好地了解世界，为开拓世界奠定了坚实的基础，促进了社会的不断发展。

（二）基础性资源

在大数据时代下空间数据的使用，具有很高的价值，可以作为社会资源发展的基础性条件，也是社会全方面发展的重要推动力。进入信息时代之后，社会的日常生活与工作都与数据之间建立了紧密的联系，这就与传统的生产与人力资本具有很大的不同。在社会经济不断发展的时代，空间数据起到了很重要的促进作用，与此同时，大数据信息的发展也对社会中企业与公共部门的经济效益具有直接的关系，它可以提高企业的生产效率与经营的效益，提高企业的竞争实力与创新能力。例如，能够将高新的三维数据技术与卫星的导航技术用在大数据信息的发展中，对基础信息资源的建立具有重要的作用，它可以对人们日常的出行、所处的地理位置、城市的规划等提供重要的信息资源。在信息资源中空间数据是其中重要的组成部分，大数据的空间数据发展能够为人们提供重要的参考价值。对于这些大量的空间数据一定要学会怎样去利用、怎样去挖掘其中巨大的价值，这值得人们深入地研究与探讨。

（三）时空数据是大数据的基础

大数据具有很强的复杂性，所以使用传统的数据处理技术无法实现对大数据的充分利用。大数据中大部分的数据是来自空间数据，由于这些数据中的四分之三以上都与空间的位置有直接的关系。随着我国高新技术的不断发展，计算机技术与网络空间信息技术的不断发展与普及，这些数据具有很强的时效性，而且会随着时间的变化而发生变化。这些数据具有客观的存在，所以人们对这些数据都附上了地理的编码与时间的标志，从这个角度考虑，时空数据不仅是组成大数据的重要组成部分，也是大数据组成的重要基础。因此，对时空数据资源的存储与处理技术就是对大数据的存储处理技术，只不过时空数据更多是注重地学领域，而大数据包含了所有的方面。与传统的空间数据不同，时空数据要更加复杂多样化。它根据研究对象随时间的发展而形成变化轨迹，对研究对象的空间属性与时间的属性进行了详细的记录，也是一个动态变化的过程。目前这一技术的使用主要是在国防、工业、交通、气象等领域。

三、大数据下的空间数据挖掘

（一）基本的大数据技术

对于大数据时代下的空间数据的挖掘需要的最大的支持就是高新的技术手段。例如，在对数据信息的采集、存储、整理、表达等多方面的技术应用，这些都是对空间数据利用的基础，对于大数据的收集技术的使用主要是指对数据的获取方法。针对这些庞大的信息量，怎样才能实现在最短的时间内完成存储的安全是非常重要的，可以运用相关的应用软件，建立一个大型的数据库存储使用，这样可以实现大量信息的安全存储，对于以后的管理也很便利。此外，使用的处理技术，将这个大量信息中蕴含的数据价值进行充分挖掘，以便被人们使用，在这个处理过程中，空间数据已经不是单纯的数据而是一种信息，然后将处理过的数据使用相关的技术进行充分的表达，这样就可以将潜在的信息充分地释放出来，为人们的使用提供重要的帮助。

（二）发现空间知识

在对空间数据进行挖掘之后会得到更多的空间大数据，这些数据具有很大的价值，这些就是发现空间知识。这是经过处理得到的空间信息在发展为空间知识的一个转变的过程。空间数据的挖掘技术主要是将空间的数据进行收集整理之后经过分析得到的空间知识，之后将这些知识与数据进行有效的结合使用，实现对数据的处理与决策。空间知识的特征就是具有很强的自学习性、自提升性、普遍性等，这样更容易被人们使用，是进行判断、采取决策的重要参考。如果这些空间的知识被人们广泛地使用，这样不管是生活的方式还是学习工作都会发生很大的变化，逐渐地精细与完善。可以实现对资源的有效使用，减少浪费的情况发生，提高人们的生活水平等，对人类与社会的发展都具有重要的推动作用。

（三）萃取数据智能

所谓大数据的数据智能化是指将收集到的数据进行详细的分析、研究，从而得到更加全面、具体、新颖的知识来解决更多的问题。可以实现对问题更灵活、有效、全面地解决，也是一种能力的表现。对于空间数据的智能化主要是根据感知的能力、广泛的互动与智能化单个方面组成的。三者之间相互合作，获取广泛的数据信息，并通过目前的网络技术进行信息之间的传递与共享。再结合相应的方法和措施对数据进行深入的分析与挖掘。一部分会认为对于大数据的智能化就是将不同的数据信息与挖掘技术进行简单的结合，这种想法是错误的。空间数据的智能化是具有一个科学的组织机构与良好的运行系统，强大的综合功能针对某一个行业的系统智能化。对于某一个行业来说系统的结构越合理，行业内部之间的损耗就会越少，所产生的功效就会越大，整个系统的可用性就会更高。工作人员通过对大量的空间数据进行有效的使用与研究，可以使用更加高效的方法对其进行计算与分析，通过对各行各业的大量信息数据进行集中分析，得到与当前实际情况相吻合的信息资源，这样可以为解决现实问题提供很大的帮助。

（四）空间数据挖掘的应用趋势及发展预测

通过对目前大数据时代下的空间数据的挖掘技术可以看出，当前社会市场经济的环境下需要这些资源与信息，但是空间数据还有很多的优势没有被人们发现与使用，一些特征的存在注定了在未来空间数据的发掘中还具有很大的发展空间。例如，针对多来源的空间数据的处理技术水平还存在问题，急需完善与全面，而且不能实现各个领域的全面适用。随着互联网技术的不断发展，空间数据的挖掘技术也得到了很大的提高，对于空间上存在的不确定性决定空间数据的挖掘还需要不断地深入。根据空间数据的挖掘特征与要求、现状，对空间数据的挖掘今后会是一个全面的发展领域。对空间数据的挖掘主要的目标就是有助于人们更加全面、详细、完整地了解社会的发展、环境的问题等，还可以帮助人们提高自己的知识面。总的来说，大数据时代下的空间数据挖掘技术的发展就是为了人类社会更好地发展。

随着目前数据信息时代的发展，大数据的应用为人们的生活带来了很大的便利，推动了人类的不断发展。在世界逐渐的全球变化中需要分工协作与业务的综合效率。对于大数据时代的空间数据的挖掘需要我们更加深入地研究与分析，不断地使用先进的挖掘技术将更多的空间数据进行有效的发现。大数据技术的高速发展也为社会的发展带来了很大的机遇，它促进了市场的全面发展与产业的不断整合，对以后社会的变化具有重要的影响。

第五章 大数据与人工智能在金融领域的应用

第一节 大数据与人工智能

一、大数据与人工智能的关系

大数据的发展离不开人工智能，而任何智能的发展，都是一个长期学习的过程且这一学习的过程离不开数据的支持。近年来，人工智能之所以能取得突飞猛进的进展，正是因为这些年来大数据的持续发展。凭借各类感应器和数据采集技术的发展，人类开始获取以往难以想象的海量数据，同时，也开始在相关领域拥有更深入、详尽的数据。而这些数据，都是训练相关领域"智能"的基础。

与以前的众多数据分析技术相比，人工智能技术立足于神经网络，并在此基础上发展出多层神经网络，从而可以进行深度机器学习。与以往的传统算法相比，这一算法并无多余的假设前提（比如线性建模需要假设数据之间的线性关系），而是完全利用输入的数据自行模拟和构建相应的模型结构。这一算法特点决定了它是更为灵活地依据不同的输入来训练数据而拥有的自优化特性。

在计算机运算能力取得突破以前，这样的算法几乎没有实际应用的价值（因为运算量实在是太大了）。在十几年前，用神经网络算法计算一组并不海量的数据，辛苦等待几天都不一定会有结果。但如今，高速并行运算、海量数据、更优化的算法，打破了这一局面，并共同促成了人工智能发展的突破。

二、人工智能与大数据的发展前景

人工智能作为一个整体的研究才刚刚开始，离其预定的目标还很遥远，但人工智能在某些方面将会有大的突破。

（1）自动推理是人工智能最经典的研究分支，其基本理论是人工智能其他分支的共同基础。一直以来，自动推理都是人工智能研究的最热门内容之一，其中知识系的动态演化特征及可行性推理的研究是最新的热点，很有可能取得大的突破。

（2）机器学习的研究取得长足的发展。许多新的学习方法相继问世并获得了成功的应用，如增强学习（Reinforcement Learning）算法等。也应看到，现有的方法在处理在线学习方面尚不够有效，寻求一种新的方法以解决移动机器人、自主 Agent、智能信息存取等研究中的在线学习问题是研究人员共同关心的问题，相信不久会在这些方面取得突破。

（3）自然语言处理是人工智能技术应用于实际领域的典型范例，经过人工智能研究人员的艰苦努力，这一领域已获得了大量令人瞩目的理论与应用成果。许多产品已经进入了众多领域。智能信息检索技术在 Internet 技术的影响下，近年来迅猛发展，已经成为人工智能的一个独立研究分支。由于信息获取与精化技术已成为当代计算机科学与技术研究中迫切需要研究的课题，将人工智能技术应用于这一领域的研究是人工智能走向应用的契机与突破口。从近年的人工智能发展来看，这方面的研究已取得了可喜的进展。

人工智能一直处于计算机技术的前沿，其研究的理论和发现在很大程度上将决定计算机技术的发展方向。如今，已经有很多人工智能的研究成果进入人们的日常生活。未来，人工智能技术的发展将会给人们的生活、工作和教育等带来更大的影响。

第二节　投资前瞻

做投资，基于产业的独立思考与判断必不可少，同时也应当总结创业失败公司的普遍性原因，做到防微杜渐。回顾历史，温故知新，进而前瞻性地捕捉投资机会并顺应趋势的变化，在正确的赛道上做正确的事情。

一、基于产业分析的独立思考与判断

投资是一个需要在不确定性中发掘趋势性的行业，不仅需要预测产业链的趋势，也要预测产业链的拐点；投资是一个需要长期积累的行业，从短期来看，行业赛道虽然拥挤，但是从 5 年、10 年甚至更长时间来看，赛道上同时期竞争者逐渐变少，新的赛道也在逐渐开辟；投资也是具有较强周期性的行业，美林时钟理论的周期性体现得尤为明显，当资本市场下行压力较大时，募资和投资都会变得更为困难。

投资行业的"二八效应"明显，优秀的 20% 的投资人赚取了 80% 的利润。因此，投资者要有基于产业的独立思考与判断，具有前瞻性的长远眼光，能在适当的时机做出恰当的判断，才有可能成为优秀的 20%，而不会随波逐流。

二、失败案例的普遍性原因

通过分析过往投资案例，我们可以总结出失败案例的普遍性原因。

（一）"护城河"不够深

"高筑墙，缓称王。"企业的发展需要有自己的"护城河"，如技术优势或者现象级的产品等。"护城河"越浅，意味着被替代的可能性越大。拥有足够深的"护城河"的企业能更从容地面对各种风险。

（二）行业天花板不够高

行业发展的天花板体现在市场总体需求的大小，它决定了在未来可孕育企业的大小。百亿级市场规模的行业孕育不出千亿级营收规模的企业。目标企业所在行业市场前景要么已经足够大，能够容纳相应规模的企业，要么所在市场能够被培育，市场规模有可能逐渐变得足够大。

（三）融资节奏错位

有些企业在市场环境好时没有把握好融资的节奏，对资金使用任意性较强，造成资金浪费；有些企业在经济周期高峰时对估值要求过高，不愿意降低估值进行融资，错失了融资机会；也有一些企业因为业绩对赌、回购条款、股权质押、董事会席位等附加条件苛刻而未能实现融资，或者因为上述条件导致企业经营过于被动，在投资方与创始团队之间产生矛盾。一旦经济低谷来临，上述企业若没有储备足够的现金类资产，则很可能会由于流动性问题倒在黎明之前。

（四）盲目扩张

很多创业企业的创始人都拥有良好的教育背景和行业经验，但缺乏耐心，急于求成，采取了一些错误的并购行为或盲目实施多元化扩张策略。盲目扩张可能会导致企业战略方向不明确、现金流紧缺甚至资金链断裂，使创业企业陷入困境。企业能否规避盲目扩张取决于一系列因素，包括能否全面把握市场发展趋势、能否全面梳理内部经营管理体系、能否全面分析企业自身产品或服务优劣势、研发优劣势、资金优劣势、人才优劣势等。

（五）企业家胜任能力不足

企业家就是企业这艘大船的总舵手，对企业发展至关重要。经营能力、管理能力、抗挫折能力、市场应变能力等，都是衡量企业家胜任能力的重要考量因素。投资创业企业，在很大程度上就是投资创始人。

（六）过高杠杆导致资金链断裂

高杠杆是一把"双刃剑"：一方面，企业可以利用杠杆资金迅速扩大规模；另一方面，一旦经济下行、市场资金供给紧缩，高杠杆很可能会导致企业资金链断裂。稳定的现金流对企业发展至关重要，有些企业收入规模很大，但实际现金流入很少，大多以应收账款等形式存在，这不仅提高了坏账形成的风险，还会影响企业的整体偿付能力。

（七）团队利益与企业利益不一致

企业的发展最终依赖于人的智慧，为了激励和留住人才，保证企业与员工利益的一致性，需观察公司的激励措施能否有效稳定核心团队、核心技术人员及骨干员工。如果企业与员工利益存在冲突或企业的激励措施难以调动员工的主观能动性，企业发展将会受到很大的影响。一般可以通过查看企业的期权池或员工持股情况等方式来评估企业利益与员工利益是否一致。

从过往众多创业失败的案例可知，内部利益冲突是很多企业难以为继的重要原因，投资者应了解并尽量规避上述问题，进而降低投资失败的风险。

三、前瞻

（一）行业前瞻

股权投资推动科技创新及人类社会进步，并带来效率提升和更美好、更便捷的生活方式。我们之前在一些相关影片里看过一些未来科技带来的新生活方式，很多场景目前已经实现，如利用 VR 获得沉浸式体验，运用机器人进行一系列手术，通过云计算获得某个机构的数据进而推演未来等。

以人工智能、清洁能源、机器人技术、量子信息技术、可控核聚变、虚拟现实以及生物技术为主的新一轮工业革命（亦称"第四次工业革命"）已经吹响了号角，这是重大的历史机遇，也面临着前所未有的挑战。一方面，"大众创业，万众创新"政策鼓励企业积极创新，目前中国已成为全球股权投资第二大市场；另一方面，2018 年 4 月港交所公布《新兴及创新产业公司上市制度》，鼓励没有盈利的生物科技公司赴港上市；同时，上交所科创板的推出也进一步增加了私募股权基金的退出渠道。私募股权基金在发展过程中也面临很多挑战，如竞争日益白热化、投资的区域性明显、私募股权"头部效应"明显、站在未来看现在的历史机遇，我们认为现在正处于工业革命4.0的时代，需要明确几个要点：

第一，明确我们处于什么样的时代背景。生产力和生产效率的提升使我们站在了新一轮工业革命的起点，也是许多产业的转折点。纵观过去十年中国经济的发展，更多的是O2O、文娱等消费类和服务类行业的增长及进步，人工智能、生物技术、光电芯片等真正硬科技还相对滞后。

第二，当今时代背景下的赛道选择问题。"一鸟在手胜于二鸟在林"，不能三心二意。弱水三千，只取一瓢，要找到那个最优的项目。选赛道非常重要，选择正确的行业赛道意味着朝正确的方向奔跑，反之亦然。笔者认为，选择符合国家战略发展方向和符合世界发展趋势的产业进行投资，让资金流向科技创新以及消费升级等领域，流向能够更好地为人们生产、生活、消费服务的地方。大健康、大数据、人工智能、万物互联等赛道因为行业和市场空间足够大，可以出现现象级的企业，有望涌现出更多"独角兽"企业。

例如，面对人口老龄化不断加剧的形势，精准医疗、生物工程、养老产业在全球范围内依旧是具备巨大发展潜力的产业，中国更不例外，截至 2016 年每千名老年人拥有养老床位不足 35 张，人口基数大，老龄化时代迅猛来临，巨大的养老市场需求，有望促进看护型机器人、再生医学、干细胞疗法等领域出现新的技术突破。大数据的深入挖掘与应用将会给我们的工作和生活带来一场新的信息革命，科技将带领我们突破人类潜力的极限，由物联网连接的可穿戴设备可能会把相关实时信息通过芯片直接反映给人们的身体，人们可以利用来自物联网和大数据的信息来加深对世界以及自己的了解。机器人和自动化系统也将会无处不在，自动驾驶汽车会使交通更加安全与高效，还可能会出现共享自动驾驶汽车。这是由大的历史背景决定的，技术发展是指数型的，一旦超越某个水平线，就很可能成为"奇点"。

（二）组织形式前瞻

如今二手份额转让基金（又称 S 基金）越来越活跃。不同于通过 IPO 退出，基金或者项目的份额转让由买卖双方磋商达成，交易价格一般为估值乘以折价比例。二手份额交易策略能缩短现金回流时间，增强现金流动性。一般来说，现金回报是 J 曲线，二手份额跳过了前面的等待期，使现金回流速度更快，因为比较靠后期，投资风险也会小很多。

母基金（又称 FOF）也会越来越活跃。市场化母基金通过对不同 GP 基金管理人投资风格和投资策略的了解，加上政府引导基金的支持，未来将逐渐成为私募股权基金行业的发展主力。优秀的母基金精选头部 GP 管理人机构，还可以跟投优秀 GP 管理人的优质项目，通过精准跟投，提升母基金收益。

通过整理分析，我们认为大数据及人工智能技术可以辅助投资决策分析，通过大数据及人工智能技术挖掘投资中创业失败企业之间、创业成功企业之间的共性原因，寻求市场优质二手份额转让基金，并通过前瞻性的比对使决策更有效率。

第三节 投资决策分析

一、投资类型划分

（一）根据投资阶段划分

股权投资基金按照投资阶段进行分类，通常分为天使基金、VC（风险投资）基金、PE（私募股权投资）基金和并购基金。天使基金主要投资初创阶段的企业或项目，VC基金主要投资成长初期的企业，PE基金主要投资商业模式比较成熟、利润规模稳定增长、具有 IPO 潜力的企业，并购基金一般是由市场化基金与上市公司、大型企业集团等产业资本方共同发起设立，投资具有并购协同价值的标的，主要目的是协助产业资本开展横向或纵向扩张，有利于未来的产业布局。

不同阶段的投资逻辑是不同的，企业所处的发展阶段不同，呈现的特点也不同，因此对不同发展阶段的企业，投资逻辑不同，关注的侧重点也不同，需要使用不同的投资决策模型来支持决策，未合理确定企业的发展阶段或混了不同阶段的投资理念，都可能会使投资失败。

（二）根据投资目的划分

按照投资人的投资目的来分类，可分为战略投资人和财务投资人。战略投资人一般不是为了追求短期盈利，会参与企业的部分经营决策。战略投资人通常为相关行业的经营者，通过投资上下游行业可实现纵向拓展业务线，增强自身主营业务竞争力。所以战略投资人通常追求较为长期的收益，一般通过现金流折现的方法来进行建模，选择的时间周期也较长。

财务投资人的投资目的与战略投资人截然不同，财务投资人主要追求短期内就获得资本增值收益。财务投资人通过对投资标的未来 3～5 年的业绩进行考量，判断其是否会在短期内快速成长。

二、投资决策模型的考量因素

股权投资需要重点关注以下几点：外界因素包括宏观经济运行情况、行业发展状况、时机；团队包括创始人、管理层、核心技术人员；产品与运营包括产品及服务、核心竞争力、商业模式、规模；财务情况包括成长性、估值；法律状况包括关联交易、股权结构、同业竞争等。

投资人除了要考量所投企业未来可能带来的潜在收益，更需要关注投资项目的风险。项目风险主要来自六个方面：实际控制人风险、主营业务风险、财务风险、法律风险、经营管理风险、项目运作风险。

一般投资决策模型需要对各影响因素进行全方位的考虑，下面主要介绍投资决策的基本架构。

（一）企业生命周期

企业的生命周期是企业发展与成长的动态轨迹，包括创立、成长、成熟、衰退几个阶段。投资时期多集中在前两个阶段以及成熟期的拐点之前，避开衰退期以及成熟期拐点之后的阶段。

对于投资者来说，最重要的莫过于看准投资的时机。较早期的项目，运营模式还不够成熟，企业盈利模式还不够清晰，投资风险较大。而后期的项目，由于行业趋向成熟，行业的整合使市场集中度提高，企业内控也趋于完善，企业管理、商业模式等都走向科学化，所以后期的估值一般会比前期的估值要高。一般情况下，较为理想的投资策略为每一个新兴领域成为热点之前的 2 ~ 3 年，看准时机进行投资。

（二）经济周期

经济周期，也称商业周期、景气循环，一般是指经济活动沿着经济发展的总体趋势所经历的有规律的扩张和收缩，是国民总产出、总收入和总就业的波动，呈现出周期性波动的特点。

一般把经济周期分为繁荣、衰退、萧条和复苏四个阶段，表现在图形上叫衰退、谷底、扩张和顶峰更为形象，这也是现在普遍使用的名称。

（三）产业（行业）周期及趋势

投资主要是为了获得未来的收益。按照巴菲特的投资理论，好的投资标的应该具有以下几个特点：过去有长期稳定的业务、有特许经营权、未来具有长期竞争优势。投资除了要看项目本身，还需要注重判断行业所处时期。一般情况下，企业的发展趋势与行业的发展趋势存在正相关关系，在一个处于衰落期的行业中出现一个快速成长的企业是很困难的。

已经处于成熟期的行业中，主要包括一些传统行业，它们的市场容量空间有限，甚至已处于萎缩阶段。这些企业经过长期竞争，形成了比较稳固的竞争格局，有较为坚实的进入壁垒。

对于一些新兴产业，现存的供给者数量非常少，供需之间巨大的差异为新的行业进入者提供了爆发式增长的机会，具有巨大的发展空间。在这个过程中，团队战斗力强、运营机制良好的企业更具有脱颖而出的可能性，更容易出现爆发式增长。

（四）可持续发展能力

投资人在对项目进行评估时，仅看历史业绩是远远不够的，更重要的是要关注其是否具有可持续发展能力。有的项目在创业初期获得了较多的受众群体、大量的订单和收入，但可能是依靠某些不正当竞争的资源或者仅仅凭先发优势获得的，随着这些资源效用逐渐降低或强大竞争对手介入，若产品或服务的复购率、使用率大幅度降低，便无法在最有利的竞争时机扩大市场占有率和企业规模，从长远来看，企业发展的可持续性就会大打折扣。

（五）规模

被投资者普遍看好的"独角兽"企业通常需要足够大的规模，不仅是企业自身规模的大小，还需要考量标的企业所处行业的市场规模大小以及上下游产业链的成熟程度，这些因素决定了企业扩张空间的大小。有的行业具有巨大的市场体量，可以支撑足够大的估值。例如电商行业，就具有较高的行业天花板，在电商企业的扩张阶段，交易行为易于标准化，可以快速积累客户资源，实现规模效应。然而，对于某些行业，虽然市场需求广阔，但产品或服务难以标准化，扩张需要付出更多的人力、财力、物力，每单位消耗的成本和费用都要明显高于其他行业，实现规模化的难度相对来说也要高于其他行业，发展速度和发展空间都会受影响。

因此，从投资的角度考虑，要重点关注那些市场规模足够大、行业天花板足够高的领域。

（六）团队

创始团队是影响企业发展的最关键因素之一。一般越是在早期，创始团队对企业的影响越大，能直接左右企业的运营和发展。随着经营模式和商业模式逐渐成熟，管理和制度逐渐完善，企业形成了具有比较优势的核心竞争力，管理层的影响程度将会被逐渐弱化，但依旧是一个需要重点考量的因素。

一般情况下，好的创始团队是创业成功的必要条件，需要兼备专业性和全面性。只懂技术不懂运营，则可能在对企业未来的规划方面有所欠缺。只懂得管理却不懂技术或产品，那么企业可能在内生性可持续增长能力方面具有劣势。从经验来看，创始团队成员若能深入了解所处行业，拥有深厚的技术积累和丰富的运营经验，精准把握行业痛点，深刻理解产品或服务的核心竞争力，将更容易脱颖而出。

相较于所拥有的经验而言，对创始团队更为重要的是持续学习能力。在企业发展过程中，生产规模逐步扩大，员工人数不断增多，管理愈加规范化，与资本市场的联系越发紧密，管理层对企业的治理方式也要随着客观情势的变化而逐步优化。经验主要代表过去，若变成经验主义，则会适得其反，整个行业和市场环境都处于不断变化之中，随时可能出现产品的迭代和技术的革新，已有的技术和经验若跟不上这种深刻的变化，过去的优势就可能成为企业长远发展的重大障碍。

所以，除了考量一个企业的已有优势与劣势，投资者还要关注企业管理者对新技术、新理念的学习态度、学习能力和执行情况，考察企业的人员流动情况、培训机制和实施效果。除了企业的运营团队，还有一个能够对企业产生较大影响的因素，即实际控制人。实际控制人作为企业的拥有者，拥有对企业经营管理的最终决策权（部分企业通过协议或合同的方式约定，实际控制人不参与企业的运营），可以决定企业未来的走向。

（七）商业模式

"商业模式"一词最早出现在风险投资领域，它高度凝练地描述了企业主营业务的运转规律和逻辑，概述了企业的经营模式和盈利模式。在经营模式上，一般投资者会关注创新性和可行性；在盈利模式上，会关注成长性和稳定性。

针对不同的行业，对商业模式的关注点不尽相同。例如餐饮业，投资者应当关注单店成功运营的关键要素以及这种成功是否可以大规模复制，如海底捞等；零售行业则一般重点关注资金在运营过程中的周转速度和周期，资金周转较快则表明盈利模式可能相对更优。

（八）产品及服务

这里所说的产品及服务是指企业的主营业务，集中体现了企业的核心竞争力。它可以是具体实物产品，如钢铁、汽车；也可以是网络服务，如游戏、APP 等；也可能是提供的某种劳务，如顾问、医养护理、培训等。

每个创业者在项目启动前，都应该清楚自己的核心竞争产品是什么，具体如何通过这个产品创造价值并获得利润。部分项目可能由于自身的特性无法快速扩大化和规模化，但依旧需要花费时间和精力去思考更高层级商业化的路径。在实际创业过程中，会发现最初预设的商业模式经过市场的反复检验后并不一定适用，因此，如何根据具体情况变化及时调整运营方式和发展方向，是对团队巨大的考验。

判断一个团队是否靠谱，不仅要看团队成员之前各自取得的成就，还需要考察团队与项目所在行业的相关程度。因为即使同处于一个大的行业中，每个细分行业之间的差别也非常大。例如，在养老行业中，养老地产领域中的佼佼者不一定了解养老护理领域的痛点；在 IC 行业中，做存储芯片的企业有可能会转行做显示芯片，跨度还是比较大的。

因此，创业者对细分市场定位越精确、越熟悉，越可能用最小的成本实现最大的效用，从竞争者中脱颖而出。

如果创业者不能够静下心来聚焦自己的产品和服务的质量，总是好高骛远，想着一步到位，动辄希望建立一站式的全方位服务，或是建立一条打通上下游的全方位生态链体系，希望在短时间内就做成一个惊人的规模或是快速达到一个准上市的标准，则这种企业投资者尤其需要甄别。

（九）财务状况

通俗地讲，经营能力主要体现在三个方面：正确的经营方向、可持续的营运能力、可观的获利能力，这三个方面都可在企业财务报表上体现出来。

财务状况可以反映企业的历史经营业绩以及现阶段的收支情况，长期经营能力的评价还需要全面考察企业的核心竞争能力与可持续经营能力。

第一，在看企业财报时，要重点关注"非经常性损益"这一项。在判断盈利和成长水平时，非经常性损益所创造的价值，如出售不动产等，所获收益不是可持续的，需要剔除。

第二，要关注无形资产的占比。相比于固定资产，无形资产发生资产减值的可能性更大，这很有可能是由于技术革新等因素而发生大幅度减值，在负债不变的情况下会使资产负债率大幅度提高，带来营运风险。所以一般来说，无形资产占比超过行业平均水平的标时，投资者需要重点关注其原因

第三，关注资产负债率和产权比率。资产负债率和产权比率都是用于衡量企业长期偿债能力的指标，两个指标在侧重点上有些差别。资产负债率又称举债经营比率，在资产负债表上，总资产＝负债＋所有者权益，等于负债总额与资产总额的比值，揭示的是总资本中负债的比例，它是用于衡量企业利用债权人提供资金进行经营活动的能力，也是反映债权人发放贷款安全程度的指标之一。产权比率，即有息负债与所有者权益的比值，侧重于揭示债务资本与权益资本的相互关系，说明企业财务结构的风险性，以及所有者权益对偿债风险的承受能力。

第四，关注企业主营业务收入的发展轨迹。企业销售额如果处于一个上升的趋势，即使企业还未达到收支平衡，其发展潜力也能增强投资者的风险偏好。

第五，关注薪酬支付比率。从这个比率可以看出，企业所获的利润中，有多少用于扩大再生产，有多少是自用。

综上所述，如果一家企业经常性损益和无形资产很少、产权比率和薪酬支付比率较低、销售收入保持一个稳健的增长，则不难判断，这个企业倾向于成为行业内的佼佼者。

此外，在识别风险时，还需综合考量资产负债表、利润表、现金流量表中各科目的内在关系。

（1）公司利润增幅较大，但经营性现金流净额持续为负值，则公司可能存在潜在的流动性风险或财务造假风险。

（2）观察应收账款周转率与营业收入的关系。周转率的不稳定，间接反映营业收

入的不稳定，营业收入可能源于提前确认，可能源于向渠道压货，或是公司产品市场竞争力下降等。

（3）企业持续经营需要稳定的现金流。通常来说，现金最好来自利润留存，而不是再融资或财务杠杆。

（4）比较净资产收益率和融资的机会成本，探索公司盈利能力的强弱，并分析可能的原因是投资回报率下降、行业发生了变化还是公司本身产品竞争力下降等。

（十）成长性

标的企业的成长性对投资成败影响甚大。成长性受很多因素的综合影响，如行业需求、市场潜力、企业运营水平、管理的科学性等。

第一，有足够好的产品的企业通常有较高的销售增长率。某产品在市场上供不应求，一般受两个因素的影响：一是整个行业处于成长和扩张期，市场需求潜力巨大；二是企业自身的产品竞争力优于竞争对手，拥有较高的市场占有率。

第二，企业运营质量高低也是影响企业成长性的一个重要因素。企业若能够平稳度过瓶颈期，并且没有发展的天花板，则一个合理而有效的运营体系，如高水平的销售体系，能够帮助企业拓宽市场，打破限制条件；如成熟的成本控制体系，在质量一定的情况下，具备成本方面的比较优势更容易让企业在行业内脱颖而出；如良好的劳动和人事关系，管理层基本稳定、部门之间能有效配合、团队凝聚力强、有良好的企业文化，都会对公司发展产生巨大的推动作用。

（十一）投资收益预测和估值

根据风险与收益之间的关系，项目可以大体分为四类：高风险低回报、低风险低回报、高风险高回报、低风险高回报。

对于高风险低回报的项目，大多数投资人是不会投资的。对于低风险高回报的项目，通常是可遇不可求的，如果可以遇到这类项目，需快速综合评估，尽量抓住这样难得的投资机遇。一般情况下，投资者所能接触到的项目，大多是高风险高回报的项目。

关于对拟投资标的进行合理估值，需要与其所处的行业实际情况相结合，综合运作多种评估指标，同时与其竞争对手进行同行业比较，要动态地识别企业的内在优劣势，仔细甄别其比较优势和比较劣势等。只有综合各方面因素进行整体考量，才能做出相对客观的判断。

（十二）价值

在二级市场上，格雷厄姆倡导价值投资，即在选择股票的时候，要注重上市公司的基本面，这种方法基本上可以规避重大投资风险，因为通过基本面研究对企业的内在价值有了合理判断后，即使短期因为二级市场"情绪波动"导致股票价格下跌，最终股票价格也会回归内在价值。当然，对于公司基本面的判断也必须保持一种动态调整的态度，以免犯"刻舟求剑"的错误。

在一级市场上，绝大部分投资人主要关注投资回报的实现期限，关注企业的收支平衡点、实现盈利的时点以及如何实现退出。收回成本并获取收益是投资者的价值目标，资金是有机会成本的，每个基金都有自己的收益标准，如果不能覆盖这个成本，则说明投资活动没有获得成功。

（十三）风险与安全边际

投资活动通常是收益与风险并存，多数情况下呈正相关关系。越是新兴的行业，越是前沿的技术，越是初期的项目，越有可能获得高倍的收益，但投资失败的风险也越高。

投资需在风险与收益之间识别平衡点，在不确定性中寻求一个可以承受的风险，同时尽可能地提高收益。为了实现这一目标，需要根据投资人自身的实际情况，选择合适的风险控制模型进行科学评估。如何建立一个适合自身风险承受能力的投资模型，需要投资者通过不断实践，不断总结经验，在吸取教训的基础上逐渐形成一套自洽的投资理论体系。

例如，在 PE 投资中，通常追逐风险极低化，风险是第一考虑因素，在这个基础上再追逐较高收益。正如美国投资家芒格所说，"赚钱的秘诀不在于冒险，而在于避险"。在 PE 投资中，追求的是标的确定性。确定性不仅仅局限于某单一标的的确定，还可以通过总体的确定性来实现整体投资成功率水平的提高。

（十四）护城河

"护城河"就是指一个企业拥有某种技术或者某种模式，当其他有大型财团支持的竞争者出现时，竞争企业不能依靠充裕的资金复制业务并且超越标的企业。在投资过程中，财务报表是一个有效的分析工具，但是仅仅靠看财务报表还远远不够。标的企业要实现持续的长久发展，其自身必须要有一条强大的"护城河"。用哈佛大学商学院教授迈克尔·波特的话说，"护城河"是"企业可持续的竞争优势"。即企业自身要拥有强大的核心竞争力，防止竞争者轻易入侵，"护城河"在于能做别人做不到的事情，且具有持续性。

标的企业在一定时期内保持领先优势，意味着竞争企业需要花费大量的时间、精力、金钱才能做到。标的企业能做别人现阶段还做不了的事情，这体现在关键技术优势、核心团队优势、专利和知识产权优势、成本优势、规模优势、品牌优势等各个方面。为了保证护城河的持续性，企业必须在技术、管理、理念、战略、文化等各个方面提高持续创新的能力。

第六章　医学信息化系统

人工智能与健康医疗大数据的催生，源于医学信息数据的采集方式和数据来源的不断扩展，以及将早期非标准化、非结构化的海量医疗数据转化成现在标准化、结构化、数字化、可视化的数据存储模式。数据存储与处理技术的高效、数据规模的庞大、数据类型的复杂多样、数字基因进化的临床与科研成果，已成为人工智能与健康医疗大数据的基础。下面从几方面介绍现有医疗核心业务系统、医疗信息集成平台建设和临床数据仓库，以及三者的关系与转化过程。

第一节　现有医疗核心业务系统

当前医疗核心业务系统主要包括医嘱系统、电子病历系统、实验室信息管理系统、医学影像信息系统、病理图像分析系统、手术麻醉信息系统、护理系统。各系统主要业务都是记录患者在整个医疗过程中的真实情况。

一、医嘱系统

医嘱系统也就是医嘱信息管理系统，为医院所属各部门提供病人诊疗信息和行政管理信息的收集、存储、处理、提取和数据交换，并满足所有授权用户的功能需求。电子医嘱系统，包括了预约挂号、挂号、门诊医生工作站、门诊护士工作站、门诊缴费工作站、门诊药房工作站、出入院工作站、住院医生工作站、住院护士工作站、住院药房工作站等。

由于早期医嘱信息管理系统发展并不是那么理想，许多宝贵的医嘱数据资料的检索十分费事甚至难以实现，并且这些资料无法通过手工方式进行深入的统计分析，导致不能为医学科研充分利用。

开发医嘱系统是解决上述问题的有效途径。可简化患者诊疗过程，优化就诊环境，改变目前排队多、等候时间长、秩序混乱的局面。医嘱系统的建设开发强化了医院内部管理，降低了医护人员的工作强度和时间，也减少了药品、器械等物资的积压。完整记录的患者医嘱是医学研究的重要信息资源，这类资源如果是在手工作业环境下，无法提取出来进行统计、分析、再利用，浪费医疗信息资源。医嘱系统的有效运行，将提高医院各项工作的效率和质量，改善医院管理，支持医疗教学和研究，特别是运维决策水平；可实现信息共享，提高资源利用，减少医患矛盾，增加病人对医院的信任度、满意度；可节省人力成本，为人事动态调整提供依据，减轻各类事务性工作的劳动强度，使他们腾出更多的精力和时间来服务病人。

国外部分国家在 20 世纪 60 年代初就开始建立医嘱系统，到 70 年代已建成许多规模较大的医嘱系统，可处理 75000 名住院和门诊病人的医疗信息。在 20 世纪 80 年代末期以前，我国医嘱都是通过医生手写，护士再根据医生手写医嘱进行分解、重新抄到执行本上、再执行；药品、材料、医疗服务价格都是通过人工定价，劳动强度大且工作效率低，医师、护士和管理人员的大量时间都消耗在事务性工作上，致使"人不能尽其才"；病人排队等候时间长，过程多，影响医院的秩序。到了 20 世纪 90 年代初期，医嘱系统已开始建立并初具规模，但功能大体上还是以记录、收费、划价为主且信息不能共享。2000 年后，二、三级医院已基本普及了医院信息管理系统，小型医院的需求亦强，而且随着光纤通信技术和医疗行业的发展，信息系统的升级需求也很旺盛，以及存储容量的提高，使信息的传输和储存变得越来越方便，这就给真正意义上的医嘱系统形成提供了契机。经过十多年的发展，慢慢从以收费为中心，转为将门/急诊的挂号、划价、收费、配药和住院病人的医嘱、配药、记账，以及医院的人、财、物等工作的部分接口与其他系统对接、互动交换数据。目前医嘱系统已经发展到标准化、自动化、智能化以及互动化的阶段。比如医保的限制用药，医保目录上规定，部分药品只限制某种疾病或者某种特定参保类型人员才能记账，否则按自费处理。这就需要医嘱系统来处理。在医生开医嘱时，就判断患者的疾病诊断或者参保人员类型，将根据医生判断结果传送给医保系统从而做出是否适合限制用药、是否自费的选择。

但是当前的医嘱系统也存在一些问题，例如，与各业务的接口太多、方式不统一、交互繁多，存在各业务系统同时读写操作，导致争抢资源引起系统慢甚至卡死。患者基础信息更新不同步，比如入院时，患者基础信息录入有误，在各业务系统已读取错误信息后，即使医嘱系统改正了患者的基础信息，各业务系统因信息源问题也不会自动更改。还有，其他业务系统的数据更改了，医嘱系统没有相应地更改，导致各方信息无法一致。

二、电子病历系统

（一）电子病历的定义

电子病历（electronic medical record，EMR）也叫计算机化的病案系统或基于计算

机的病人记录（computer-based patient record，CPR）

2009年，原卫生部及国家中医药管理局发布的《电子病历基本架构与数据标准（试行）》中对电子病历的定义是：由医疗机构以电子化方式创建、保存和使用的重点针对门诊、住院患者（或保健对象）临床诊疗和指导干预信息的数据集成系统。这是居民个人在医疗机构历次就诊过程中产生和被记录的完整、详细的临床信息资源。2017年，《电子病历应用管理规范（试行）》中对电子病历的定义是：医务人员在医疗活动过程中，使用信息系统生成的文字、符号、图表、图形、数字、影像等数字化信息，并能实现存储、管理、传输和重现的医疗记录，是病历的一种记录形式，包括门（急）诊病历和住院病历。

电子病历系统是指医疗机构内部支持电子病历信息采集、存储、访问和在线帮助，并围绕提高医疗质量、保障医疗安全、提高医疗效率而提供信息处理和智能化服务功能的计算机信息系统。

（二）电子病历的作用及意义

电子病历系统是医院信息系统的核心，实施电子病历可以为医护人员提供完整的、实时的、随时访问的病人信息，有助于提高医疗质量；可以通过检验、告警、提示、自动干预等手段，结合医疗知识库的应用有效降低医疗差错；可以通过电子化的信息传输和共享，优化医院内部的工作流程，提高医护人员的工作效率；可以提供医疗管理、医学科研、医学教学、公共卫生等数据源；可以通过医疗信息共享，支持患者在医疗机构之间的连续就诊，实现医疗信息互通、互认等。

电子病历系统记录了时效性信息，记录了医生书写病历、修改病历的时间。手写病历不注重病历的及时归档，时间一长，有的病历容易丢失，若再重新书写，当时表述及治疗的措施又很难复原，造成一些不必要的麻烦。电子病历能有效地提醒医生，哪个患者什么时候需要书写什么记录、归档日期，从而避免信息的丢失，确保病历的完整。

电子病历系统结合临床知识库的应用，可以有效地提醒医生一些患者的危急值处理，提示医生何时需要书写疑难危重病例讨论、阶段小结、知情告知等；警示医生患者是否有手术指征、是否有其他传染疾病、是否是特殊血型等关键信息。电子病历还可以制定表单，让信息在线跑动，如大量输血审核、会诊邀请、病历导出申请、病历召回申请、病历借阅申请等，优化了医院内部流程，提高了医护人员的工作效率。

电子病历系统的使用，为医生节省了很多书写病历的时间，使医生从繁重的各种记录文书中解脱出来，这样医生就有更多的时间放在患者病情变化上，更好地和患者进行沟通，使患者得到更多来自医生的关怀和更好的治疗，有利于改善医患关系。同时医生有更多的时间进行科学研究，进一步提高医疗技术水平。电子病历系统的使用，也极大地提高了医生书写病历的质量，使医生书写的病历更加规范、更加具有研究性。电子病历系统的使用，使医院的病案管理及考核增加一种管理手段，比如及时发现哪个科室的病案归档迟了，哪个科室的病案书写不规范等。电子病历系统的使用，还可加速患者的相关信息流通，使患者信息可以随时随地得到。

（三）电子病历系统的发展

部分发达国家的电子病历系统发展得比较好，例如美国，从 1991 年开始就有学术研究发布了电子病历报告，由于基础和现实环境好，电子病历系统发展早，已经形成了阶段性的成果，发展了一批区域性的电子病历系统。

我国电子病历起步比发达国家要晚，从建设水平看，电子病历的发展经历了几个阶段：第一是纸质病历电子化，第二是结构化电子病历，第三是完整的电子病历。20世纪 90 年代，我国部分三甲医院开始对病案首页实行计算机管理。1995 年，原卫生部提出了"金卫工程"，其中军字 1–3 号工程相应启动。之后，临床和科研对电子病历进行了各方面的理论探讨和分析，开展了一些局部范围的实验性电子病历工作，自1999 年起在部分发达城市的三甲医院运行。2006 年，卫生部（今国家卫健委）明确提出要求需要推动电子病历系统的建设。2010 年 9 月，卫生部下发《卫生部关于开展电子病历试点工作的通知》，要求用 1 年左右时间，在全国部分医院和部分区域开展电子病历试点工作，建立和完善以电子病历为核心的医院信息系统。2011 年 1 月，卫生部颁布了《电子病历系统功能规范》。2011 年 10 月，卫生部颁布了《电子病历系统功能应用水平分级评价方法及标准（试行）》，与 HIMSS 电子病历采纳模式类似，评估系统分级（0 ~ 7 级），最高级别的医院能实现与其他医院信息的交换与共享。卫生部根据《电子病历系统功能应用水平分级评价方法及标准（试行）》对电子病历试点医院进行电子病历系统应用水平分级评价，有 29 个省区市的 178 家医院参加了国家第一次电子病历应用水平分级评价，其中有 165 家医院是电子病历系统试点医院。评估结果显示，有 1 家医院可以达到 6 级，有 1 家医院可以达到 5 级，4 级的有 12 家，多数医院未形成统一的数据管理，与发达国家相比还有很大差距。

（四）电子病历发展存在的问题

我国由上至下推广了电子病历的使用和发展，但在实际操作的过程中依然存在以下问题：

（1）电子病历系统为医院信息管理系统的核心之一，但部分医院管理不到位，把私人密码公开化，下放到下级医师，使分级设置权限形同虚设。系统功能根据每位医生的职称分配了不同的权限，对不同权限在系统上查阅、录入、修改、删除，都有严格的分级授权。如住院医师可以录入入院诊断及医疗文书，修改自己书写的文书，主治医师或者副主任医师可以书写及修改本医疗组的患者的由医师书写的文书。科主任可以书写及修改本科室的患者的所有文书，以达到科室三级质控的要求。职能管理部门对下级用上级的用户密码进去书写病历的行为无有效的约束机制

（2）电子病历系统的使用加快了医生书写病历的速度。由于使用模板，医生不需录入重复的信息，所有相同信息一处录入，其他需要用到的地方都是引用，这样虽规范了病历书写、提高了医生书写病历的速度、减轻了医生的工作，但所有患者的病历都是套用模板，也使所有病历内容基本一致，无法显示各患者之间的病情特点，且习惯性地模板调用不利于医生临床思维的培养。

（3）电子病历系统信息整合力量比较弱。如患者基础信息需要从各个业务系统上获得，而不同的系统由不同的系统开发商负责，接口方案、方式都很难统一，存在对接不稳定、数据不完整等情况，特别表现在其中某一系统升级时未能及时对接，导致患者信息不一致。

（4）电子病历系统质控功能的不足。电子病历系统质控分为三块，一块是时间质控，即什么时候、多长时间之内需要书写什么文书；一块是完整性质控，即检查患者病历是否书写齐全，比如入院记录、病情记录、出院记录等；还有一块就是内容质控，内容质控要求病案管理部分由人工介入处理。由于质控部门未能提供质控细节，电子病历系统只能简单地判断是否有入院记录、出院记录等，并不能判断是否完成书写。部分医生为了跳过时间质控，先建立一份文档，只写一两个字就提交，待有时间再继续书写，以此避开了电子病历系统的监控。

三、实验室信息管理系统

LIS（laboratory information management system）是专为医院检验科设计的一套实验室信息管理系统，能将实验仪器与计算机组成网络，使病人样品登录、实验数据存取、报告审核、打印分发、实验数据统计分析等繁杂的操作过程实现智能化、自动化和规范化管理，有助于提高实验室的整体管理水平，减少漏洞，提高检验质量。

检验系统主要是对检验的实验仪器传出的检验数据进行分析，生成检验报告，通过网络存储在数据库中，方便医生查看检验实时状态、管理部门进行闭环管理，能实时查询到当前检验申请到了哪一阶段，使他们可以及时准确地获得检验室信息。主要内容包括标本的检验室号码、地点和状况以及登记患者的身份、姓名、类型等在内的当前或以往累积的检验结果报告。

LIS 系统的主要优势有：①确保检验结果的可靠性和准确性，利用 LIS 系统的仪器监控和质量控制，尽量减少人为的误差。②能从烦琐的手工报告检验结果走向简便的计算机报告结果，提高检验科的工作效率，为检验室技术人员提供智能化的运行模式，使处理诸如按照规程审核检验结果，取消检验项目，分析、处理存在重大疑问的

检验结果，执行特殊的命令和处理质量控制等问题更轻松自如，使检验人员更快地获得准确清晰的检验结果。③建立测定过程中质量控制的实时监测、分析、预警，提高检验的质量，可以积累经验、集中管理检验信息、规范化管理发展、统一报告单，确保不发生分析后误差，提高数据的可靠性。④加快优化了检验流程，提供实时自动查找检验结果，通过审核发布或远程打印可以将计算机处理的数据传送到护理工作站，也可传送到患者的电子病历上，整个报告过程无须使用纸张。⑤通过手机 APP 通信技术可将检验室数据快速传输给主诊医生。

国内的实验室信息管理系统还存在以下问题：

① LIS 系统由实验室技术人员以及计算机技术人员共同开发，第一代产品的开发环境采用了 DOS 平台和 FoxPro 数据库，运行在 DOS 单机环境下。由于实验室的各种仪器接口各自不同，个人开发水平有限，所以早期开发的软件都不是很理想，后来逐步有专业的软件公司参与开发。但第二、三代产品的开发环境都在 Windows 平台，数据库也使用了 SQLserver、Oracle 等大型数据库。

②实验室信息管理系统保存数据量大，查询历史数据比较困难，大范围的检索需要很长时间甚至超时，无法返回结果。部分结果格式很特别，如微生物结果是判断分支型，先判断是或者否，再到是什么，最后到有多少，与普通的一个项目一个值格式不一样，很难做到统一报告接口。

四、医学影像信息系统

医学影像信息系统（picture archiving and communication system，PACS）是指基于医学影像存储与通信系统，从技术上解决图像处理技术的管理系统，包括 RIS。医学影像信息系统以 DICOM 国际标准设计，以高性能服务器、网络及存储设备构成硬件支持平台，以大型关系型数据库作为数据和图像的存储管理工具，以医疗影像的采集、传输、存储和诊断为核心，集影像采集传输与存储管理、影像诊断查询与报告管理、综合信息管理等综合应用于一体，主要任务就是把医院放射科日常产生的各种医学影像（包括核磁、CT、DR、超声、各种 X 光机等设备产生的图像）通过 DICOM 国际标准接口以数字化的方式海量保存起来，当需要的时候在一定的授权下能够很快地调回使用，同时增加一些辅助诊断管理功能。

医学影像信息系统能实现无胶片化、全电子化图像管理，迅速增加医学影像的存储、传送、检索速度。医学影像信息系统使用大容量的存储技术，解决了胶片存盘时间长的问题；能实现高速地检索同一患者的相关医学图像和整理归档，简化胶片数据的管理；通过计算机技术智能处理图像后，可重组 3D 图像，可肉眼观察和主观判断，可对图像进行分析、计算、处理，为医学诊断提供更客观的信息。计算机网络支持多用户同时利用计算机技术对图像进行处理，并可接入远程医疗会诊活动中。

随着科技的发展，医疗要求不断提高，各种新的医疗影像设备不断更新。20 世纪 50 年代医学领域就有超声技术，70 年代开始有 CT，到 80 年代出现了 MRI 应用。此后基本上每隔两三年就有新种类的医疗影像设备被发明。医疗影像设备提高了诊断的准确程度。为了获得医疗影像设备产生的数据，保证不同厂家的影像设备的数据能够互联，1982 年美国放射学会（ACR）和电器商协会（NEMA）联合成立了数字成像及通信标准委员会（ACR-NEMA），研究如何制定一套统一的通信标准来保证不同厂家的影像设备能够信息互联。经协商一致后，制定出了一套数字化医学影像的格式标准，即 ACR-NEMA1.0 标准，随后在 1988 年完成了 ACR-NEMA2.0，1993 年发布 3.0 版本并正式命名为 DICOM3.0(Digital Imaging and Communications in Medicine：医疗数字成像和通信)。但由于各种原因，此标准直到 1997 年才慢慢被各医疗影像设备厂商接受。

美国 PACS 系统的研究和开发是在政府和厂商的资助下来进行的；日本将 PACS 系统研究和开发列为国家计划，由厂商和大学医院来共同完成；欧洲的 PACS 系统由跨国财团、国家或地区的基金来支持。我国开发和引进 PACS 系统较晚，目前已经建立并有效运行的 PACS 系统不多。主要原因是标准化程度不够、兼容性差，一般为单机版系统，既不能实时共享，对工作量大的医院缺乏强大的存储子系统，无法支持数据量巨大的常规放射影像，又不能真正实现"无片化"管理。多数 PACS 系统也没有其有效的工作流程和自动化管理功能，不能向临床诊断提供其所需的全部信息，表现为在线信息少、响应速度慢。

医学影像信息系统还存在一些问题，如患者信息（包括检查申请单、患者病历信息、患者基本信息等）不能实时共享，医生开出的检查申请单内容有患者主诉、病史、检查部位、检查目的等，这些都需要医生录入、打印，然后在放射科服务台进行登记，扫描申请单传入 PACS 系统，技师再根据申请内容、要求，进行拍照采集操作，最后由放射科医生书写报告、审核报告，如病史不清楚或者其他特殊情况还需联系患者了解情况，整个过程烦琐。

五、病理图像分析系统

病理图像分析系统，采用先进的图像处理技术与高精度硬件配置，从系统信号的获取、测量、处理到打印输出全部实现彩色化、自动化、智能化，操作简便、图像处理功能强、图像分析智能化、图像清晰度高、图文报告打印快捷、数据库管理功能强大，能够提示疾病的来源和预后，通过定性诊断和疾病分型分级，为临床医生对治疗方案的选择提供准确的参考及最终准确的诊断。

病理图像分析系统的推出，极大地减少了病理医生的劳动量。高分辨率显示器下的观察模式几乎完全代替了头晕目眩的镜下观察模式，使病理医生的颈椎、眼睛不易疲劳。同时大幅度提高工作效率，提升整体水平。报告的实时共享使医生及时了解患者病理报告，为准确地诊断及手术治疗方案的及时调整提供依据。

病理图像分析系统实现了病理科室各种业务的覆盖，如常规组织学、液基细胞学、穿刺细胞学、免疫组化、病理活检等，且基于扩展性原则易于添加整合新业务，系统以中心服务器多客端形式进行部署，便于信息同步和系统扩展。连接病理科多种设备，如显微镜摄像头、包埋盒编码机、荧光（Fish）自动化报告仪器等。

病理图像分析系统还存在一些问题，如病理医生少，在报告审核后系统上才可以查看报告，但由于存在修改审核报告的可能性，故不开放临床医生自主打印报告，这样导致报告审核周期长，一般情况需要1周左右。

六、手术麻醉信息系统

手术麻醉是医院以及医疗行业的重中之重。一个稳定、信息共享、统一管理的手术麻醉管理平台是各个医院信息的重要部分，医护人员可以通过手术麻醉信息系统来查看整个手术麻醉的信息，系统通过与其他医院信息系统做接口，将手术麻醉信息系统的信息共享于其他临床科室，方便医护人员了解患者的病情，为患者治疗康复提供帮助。手术麻醉信息系统同时解决了手术麻醉信息的电子记录问题，可提供实时、有效的运营数据，帮助医院及时调整运营指标；规范手术麻醉医疗护理流程，解决患者诊疗信息的电子化记录问题，提高工作效率，改善医疗质量。

手术麻醉信息系统是围术期临床业务系统，其中包括了术前功能、手术申请、手术排班、术前访视、麻醉方案、调查问卷、术中记录、数据采集、数据描记、报告生成及打印、术后管理、术后随访等。手术麻醉信息系统的应用不仅规范了手术室麻醉科的工作流程，同时也帮助医院进行规范化管理，形成了一个稳定、功能强大、使用方便、统一管理的手术麻醉管理平台，可辅助手术室和麻醉科的医护人员的日常工作，简化工作流程，减少手工记录，提高医护人员的工作效率，实现手术信息共享。

从20世纪90年代开始，许多国家的大型医院已经将手术麻醉信息系统列入规划，以此完善医院的信息化程度。据统计，2014年美国有75%的医院使用了手术麻醉信息系统，而且每年还在不断增加。目前，我国约有54%的医院已经在使用手术麻醉信息系统，约15%的医院准备使用，其中三甲医院使用率约80%，12%的三甲医院准备使用。

手术麻醉信息系统的各应用模块的功能特点不同，分布部署要求不同，使用人群不同，对系统安全性、扩展性的要求也不同。例如，由于应用的科室分布广泛，提交手术申请的工作涉及院内很多临床科室，使用者众多，涉及很多临床医护人员，且使用者电脑水平参差不齐，因此各个科室内终端电脑的软硬件配置各不相同。而临床数据的传输和刷新等功能对系统实时性的要求比较高，且使用终端的用户群相对集中于麻醉科医护人员，系统终端机则承载了一定的工作量，如对临床设备的数据采集和传输、报告的生成和打印、脱机模式下独立运行等。围术期费用管理模块的使用者单一，主要使用者局限于麻醉管理者和部分麻醉科医护人员。模块的功能集中，并严格设置用户对数据维护的权限，有较高的系统安全性要求，同时有一定的脱机使用需求。随访信息可能在任何临床科室终端中书写，临床医生有可能随时随地调阅病人手术资料。调取的数据量较大，当手术病案长时间积累后，系统对患者病例的查询、统计的工作量非常巨大。需要向其他信息系统传递病人手术病案的查询统计数据，并且对查询统计方式、报表格式等有定制化需求。

七、护理系统

护理系统是护理人员在医疗、护理活动过程中形成的文字、符号、图表等资料的总称。护士工作行为记录的文字材料，与医生书写病历相同，也是各项护理活动及病情观察的客观记录。护理文书包括生命体征记录、医嘱单、护理记录单、危重患者护理记录单、一般患者护理记录单、入院评估表、手术物品清点记录单、心电与血压监护单、转交接单、护理交接班表、护理排班表等。

护理记录是病历的一部分，2002年颁布的《医疗事故处理条例》中有明确的说明，是患者可以复印或者复制的内容。护理文书可以反映出护士对病人病情的观察、记录过程，也体现了护士的综合素质，体现了医院的护理质量和管理水平，而且在防范医疗风险方面也起着重要的作用。护理文书是病人病情变化、治疗护理及反应的第一手资料，有助于护理人员确定病人存在的问题和制定有针对性的护理措施，也有利于医生了解病情进展、明确诊断、制定和调整治疗方案。完整的护理记录是护理科研的重要资料，同时也为流行病学研究、传染病管理等提供统计学方面的原始资料。一份完整的护理记录可使护士行业看到护理理论在实践中的具体应用，是教学的最好资料。护理文书可在一定程度上反映出医院的护理水平，是医院护理管理的重要信息资料。护理文书具有法律效力，是法律认可的证据，在法庭上可作为医疗纠纷、医疗事故、人身伤害、保险索赔、刑事案件等的法律依据。

护理文书应由执业护士书写，书写完毕要签署全名，如果是没有取得执业资格证书的护士或者是学生、进修护士书写的文书，则要求由带教护士审阅、修改，再签署二人的全名。

护理文书系统存在的问题：①护士对主观、客观的判断有混。要客观描述患者的主观感受，要注明患者主诉，如症状、体征、评分等说明，不应写患者症状较前减轻、病情好转等。②记录不准确。护理记录、病程记录、医嘱单、体温记录单有出入，互不相符。比如电子病历系统记录的入院日期是办理入院日期，而护理系统的入院日期是患者到护士站报到时间。③医嘱处理不当，医嘱执行时间有误，与医嘱开具时间不符（补录）（非抢救不要提前执行），未在规定时间范围内执行医嘱，医师开具医嘱后未及时通知护士，临时医嘱执行后未签字、未做记录（夜班医嘱核对、签名）。④抄袭医师的病程记录，如没有听诊但护理记录中出现"患者两肺湿啰音，右下肺哮鸣音"，记录单与医嘱矛盾，语言表述不恰当，如"患者未诉不适"应写成"患者诉无不适"。

八、现有核心业务系统之间存在的一些问题

以电子病历系统为核心，展开各系统间的互联互通，在集成平台未建设之前，各系统之间的信息互联都只是通过中间表实现，很多信息都是重复提供，各系统都只是读取医嘱系统中的患者信息，使医嘱系统资源不足，常常出现锁表等现象，甚至出现死机。当医嘱系统死机或者升级维护时，各系统都无法正常读取患者信息，从而导致出现医嘱系统维护难的问题。后来建设了集成平台以及 CDR，问题才得以解决。集成平台通过 ESB 总线与各系统间互联互通，把所有患者信息元素化，再单独做标准服务，让各系统来读取，如果其中一个业务系统的信息修改，平台就会推送给各相关业务系统，达到信息一致。但检验检查系统由于出了报告则信息不能修改，即使平台推送过来后，也不能马上自动修改，需要人工取消审核报告后再修改，最后再审核。

第二节　医疗信息集成平台

医疗信息化系统在近十几年来发展得非常快，从非标准化、非结构化到标准化、结构化、数字化、可视化，这一过程中存储了海量的独立的并难以共享的医疗数据，形成了一个又一个的数据孤岛。特别近几年来各部门（包括国家政策要求、医保需求、医院的本地需求）提出的信息化需求越来越多，重复性建设工作也随之增多，给医疗信息化发展带来了很多不便，难以统一管理。为了实现各系统间统一集成管理，满足应用系统之间的互联互通，建立病人主索引和临床数据中心，促进信息资源的二次利用，为患者提供公众服务，满足区域的信息共享与协同以及医疗行为监管的要求，迫切需要建设医疗信息集成平台。

一、建设集成平台的意义

目前，我国医院信息系统应用仍未达到信息充分共享、业务协同和医疗智能化发展的要求，并且随着医院信息系统数据的增加，通过医院服务总线整合医院各信息业务系统的需求日益迫切。随着全社会信息化的高速发展，为了适应新时代我国卫生事业发展的需要，提高医院的社会效益，增强医院的市场竞争力，更高效地配合国家医疗信息化的发展，实施医疗集成平台有着极其重要的意义。

医疗集成平台的信息整合能力和数据处理能力，可以打破目前医院各个业务系统各自为政的松散管理现状，实现全院的信息融合、医疗数据的共享和统一管理。同时，医疗集成平台一方面支持医院的行政管理与事务处理业务，有助于减轻事务处理人员的劳动强度，辅助医院进行管理与高层领导决策，提高医院的工作效率，从而使医院能够以较少的投入获得更好的社会效益与经济效益。另一方面，收集整合和处理病人的临床医疗信息，可提高医护人员的工作效率，为病人有效提供更多、更快、更好的服务。

二、建设集成平台的目标

建立医疗信息集成平台是为了实现院内应用系统的互联互通，形成全院级的病人主索引和临床数据中心，并在此基础上实现对医院信息资源的二次利用，为患者提供公众服务，建立与外部资源系统互联的统一接口，满足区域的信息共享与协同以及医疗行为监管的要求。

医疗信息集成平台主要包括以下几个方面的需求点：

（1）形成全院病人主索引。目前医院各个业务应用系统均有患者基本信息，但是数据的标准不统一、维护的方式不统一。临床医疗活动均是以患者为主线的，如果患者的信息不统一，则无法实现电子病历、临床检查检验等数据的整合。因此，需要建立全院统一的病人主索引，并以此为基础实现医院数据层面的整合。

（2）建立临床数据中心。患者的电子病历数据分散在 HIS（医院信息系统）、EMR（电子病历）、PACS（影像存储与传输系统）、LIS（实验室信息系统）、护理等各类临床信息系统中，无法为医护人员提供完整的诊疗依据。通过建立临床数据中心（CDR），将患者在所有医疗活动中产生的信息整合起来供医护人员使用，将有利于提高医疗水平、降低医疗风险。

（3）信息共享和互联互通。目前医院各个业务信息系统是相互独立的，数据无法共享，从而形成信息孤岛的现象，导致医护人员需要登录不同临床业务系统进行操作，造成数据重复录入，降低了医疗活动的效率。建立医院服务总线（HSB）可以将各个业务信息系统基于统一标准的接口规范接入医疗信息集成平台，实现信息的共享和互联互通，大大提高医疗活动的效率。

（4）实现数据的二次应用。医疗信息集成平台整合临床业务和管理业务数据，建立全院级的信息资源中心。信息资源中心不仅能直接服务于医院业务应用，也可以实现数据二次应用。数据二次应用主要包括医院管理辅助决策、医院临床辅助决策以及临床教学和科研。

（5）提供公众服务。基于医院内部系统协同、数据整合及二次应用，可以通过电子化的手段为患者提供信息服务，方便患者就医，这也是医疗信息集成平台的一个优势所在。

三、集成平台总体设计

（一）医院服务总线架构

专用于医院信息平台的 ESB（enterprise service bus）亦称为医院服务总线（hospital service bus，HSB），HSB 支持主流的开放标准和规范，提供可靠的信息传输机制，建立服务之间的通信、连接、组合和集成的服务动态松耦合机制，为基于 SOA 的应用系统的服务集成提供支撑。

（二）主要功能

（1）服务引擎：消息管理，包括消息转换、消息路由、消息存储与传输；协议管理，包括协议转换、协议适配；事件机制，包括事件响应、异步事件机制；组件服务，包括 HL7 服务组件、线程池组件、拦截器组件。

（2）动态注册：服务的动态注册、服务的动态订阅和发布、接入系统注册等。

（3）管控平台：包括接口、服务、系统的管理，日志服务，监控服务，统计分析，安全认证，配置管理，运维管理。

（三）外部接口设计

医疗信息集成平台通过动态发布服务的方式为第三方系统提供接口服务，第三方系统通过订阅服务接口订阅自己感兴趣的服务。当医疗信息集成平台数据中心相关业务数据发生变化时，HSB 会将相关信息推送到已经订阅该消息的第三方系统。当 HSB 推送消息失败时，会每隔固定频率再次推送消息，重复推送失败 5 次，HSB 将会停止消息推送，并将消息推送失败的事件通知系统管理员。

医疗信息集成平台提供了两个标准规范的接口，分别是获取同步令牌接口和业务交换接口，支持 XML、JSON、HL7 等多种数据交互格式，以及支持 HTTP、WebService、JMS 等多种协议的订阅回调推送方式。

（四）安全设计

（1）数据脱敏机制。在平台与外部系统发生数据传输时，平台会对管理上敏感、业务上敏感的数据进行特殊字符替换，以防止被不信任的系统或人员访问。平台后台管理模块为系统管理员提供可视化界面，配置每种接口服务的数据的脱敏特性。

（2）令牌机制。医疗信息集成平台为每一个需要接入的系统分配一个授权系统码和密码，并在平台后台界面集中管理。第三方业务信息系统访问平台的业务接口前，必须先通过平台的获取令牌接口下发令牌值，然后在需要访问的业务接口参数中带上该令牌值，平台将该令牌值与平台内部令牌管理器中的令牌值比较，一致后方可进行相应业务处理。

采用令牌机制，在集成平台中主要有以下几点来保证接口的安全性：①由平台的令牌管理器统一管理整个平台所有业务系统的访问权限，具有唯一性、可控性；②令牌的有效时长为1个小时，并且可以动态配置。如果在1个小时内业务系统与平台再无后续交互，令牌即刻过期；③令牌根据已有的信息，采用多种加密方式结合、唯一性方式生成，不会重复，很难破解；④通过平台设置拦截器的方式统一拦截业务接口的所有调用，并严格按令牌的校验方式匹配，任何不一致的匹配都会被拒绝后续的访问。

（3）黑白名单机制。在令牌机制的基础上，通过平台授权的第三方业务系统的信息，以及平台数据库存储的白名单记录，平台令牌拦截器可以识别出请求来源的合法性。一旦请求来源的IP范围不在白名单中，平台就会拒绝后续的访问。

采用黑白名单限制，在集成平台中主要有以下几点来保证接口的安全性：①平台通过统一的管理界面设置合法的第三方业务系统白名单；②白名单可以设置有效IP范围，关联外部第三方业务系统服务器IP集；③平台能通过令牌值自动识别出请求来源的IP是否属于白名单IP范围。

（4）可视化监控。集成平台在后台管理界面上提供一系列的可视化图形监控，可以让系统管理员通过可视化的方式监视每一个接入系统的使用情况以及异常情况，并立即做出防范处理。

可视化接口监控主要有以下功能：①接入系统监控。通过可视化图形的方式展示所有接入到平台的第三方业务信息系统，并可以动态撤销授权第三方业务系统接入平台。②接口调用情况监控。通过可视化图形的方式展示平台和所有外部系统的所有接口调用情况，包括主动请求、查询、推送接口的成功次数、失败次数、当天成功次数、当天失败次数等。③接口调用异常监控。通过可视化图形的方式展示平台推送中以及推送失败的接口调用，并提供人为介入的功能，可导航到相应的推送失败重发界面，待修复数据完毕可再次点击按钮重推。接口请求或推送的信息都存储在平台数据库中，并定期将请求成功和推送成功的数据备份到相应历史表中。

四，各核心系统接入集成平台后的交互流程

以 PACS 系统接入 ESB 后的 X 放射检查为例，展示系统接入平台后的交互流程：

（1）医生在临床业务系统开了 X 放射检查技诊单，临床业务系统将该消息推送给 ESB。

（2）ESB 接收到该消息（X 放射检查技诊单记录）后，存储到消息队列中。

（3）ESB 从消息队列中获取该消息（X 放射检查技诊单记录）并发布给订阅该服务的第三方业务系统，如 PACS 系统。

（4）PACS 系统接收到该消息（X 放射检查技诊单记录）。

（5）放射科医生给病人做检查。

（6）PACS 系统出报告后，发布报告结果消息给 ESB。

（7）ESB 接收报告结果消息后，立即调用第三方业务系统提供的查询接口查询报告详细的结果信息。

（8）PACS 系统查询后并返回报告结果。

（9）ESB 接收到报告详细结果后并存储。

（10）ESB 将报告结果发布通知给临床业务系统。

（11）临床业务系统接收到报告结果通知后，流程结束。

五、集成平台的发展

医院信息系统是医学信息学的重要组成部分，同时也是信息技术十分重要的领域，在全世界范围内，已经形成了专门的卫生信息化产业。医院信息系统的基本结构是利用计算机设备和网络通信设备，将医院日常动作所产生的医疗信息和业务信息进行标准化管理，在信息完整且标准的条件下，开发出医疗决策支持、管理决策支持系统。医院的整个信息系统要求对医院的医疗部门和行政管理部门的信息进行采集、传输、处理、存储和维护。

我国医院信息系统经过了近 40 年的发展，按阶段性总结，可分为四个阶段。第一阶段为单机版阶段，只有少数三甲医院及教学医院使用。随着编程语言的推广，部分医院开始探索性地开发了一些单个的医疗管理软件。第二阶段为一些大型医院建立的小型医院局域网，并且开发基于部分管理的医院小程序，如门诊收费、药房计费发药等。第三阶段是全面网络信息化，随着快速以太网及大型关系数据库的推广和普及，一些有计算机团队的医院开发适合自己医院业务流程的医院信息管理系统。第四阶段是软件开发公司根据市场需要进行开发，并且以病人为中心，注重以医疗、经济和物资三条主线贯穿全院的整个信息系统。

医院信息系统在经历了四个阶段后取得了一定的成效，但也存在一些问题：一是医院规模不断扩大，对信息化要求越来越高，对系统的专业化程序要求也越来越高。原有的各个核心系统已经不能满足临床业务要求和医院管理要求。不同业务系统、不同的开发公司、不同系统数据的共享也出现问题。二是各核心系统的数据字典维护不同步，相同的信息维护，在各个系统上都要维护一次。三是各系统都有自己独立的用户权限管理，不利于全院统计管理规范，同一个用户每登录不同的系统，都需要用户输入一次密码。

以上几个问题，随着医院信息系统的不断发展越来越严重，集成平台是解决这些问题的有效方法之一。集成平台收集服务需求方和服务提供方各自的数据需求，作为中转站提供服务，将所有核心系统互联互通，所以集成平台是医疗信息化发展的一个趋势。

国外由于计算机技术发展比较早，医疗信息化发展也比国内早，当前集成平台已经进入区域化集成阶段。荷兰实现了全国范围的医疗系统集成平台，使荷兰的各级医疗组织机构能够在数据安全的情况下，交换或者是共享患者信息。我国由于医院信息化应用相对较晚，加上国内人口、地域等因素，当前的医疗集成平台还处于医院内部信息系统的软件集成探索阶段，但集成平台是解决医院软件系统数量过多的一个有效方法。

第三节　临床数据仓库

由于成立较早的大型医院信息化建设时期比较长，相对于新成立的医院信息系统来说较差一些，所以其中各个业务子系统比较分散，各个板块整合起来也相当不易，这种情况一定会造成数据整合差、稳定性差、关联性也不是很好的局面。建设大数据集成平台就能够更好地改善上述问题，让数据采集变得有效，使医院各个板块能够整合起来，让信息共享，从而提高医院综合系统的水平。

一、临床数据仓库的基本特征

临床数据仓库（clinical data repository，CDR）具有高效、高质量、可扩展和面向主题的特征。它能让医护人员获得患者的资料信息，而并不是根据之前的信息进行分析。通常 CDR 中的数据类型包括：HIS 系统里的医嘱信息、电子病历系统里医生书写的文书、护理系统里的护理文书、财务系统里的财务信息、检查检验系统里的检查检验结果、手术麻醉信息系统里的手术麻醉信息等。医护人员不但能够收集这些信息来对病人病情做进一步的了解，也可以运用此资料来进行病例治疗、加强针对性的管理。对于科研人员来说，这些资料也具有宝贵的价值，可以用病人之前的病例作为参考，而不只是去看之前的资料。

二、建立临床数据仓库的意义

临床数据仓库主要用于临床决策支持为主题的数据挖掘，在此基础上总结和发现临床上存在的一些规律，用来指导临床，更好地为患者服务。

目前把临床数据仓库应用在临床科研还比较少，利用临床数据开展研究的多是各种专科的专家辅助诊断系统。专家辅助诊断形式有两种：在知识库的模糊推理和历史资料的模糊推理。临床数据仓库对患者在医院发生的所有医疗行为进行了集成、综合、对比，患者数据真实可靠，对比性和可推理性强。因此，临床数据仓库不仅可用于专家辅助诊断，还可以在院内感染监测指导、患者临床疗效观察分析和评估、患者信息数据监控等方面起到一定的作用。

临床数据仓库通过数据模型进行梳理、存储和重构，实现了信息共享、流程协同，通过将各核心业务系统点对点的接口模式改造成各系统面对集成平台的多对一，再由集成平台向临床数据仓库提取数据，可降低核心业务系统的复杂度。建立的标准数据交换模式，可将临床各类信息子系统的非结构化数据（如医嘱系统、电子病历、检查检验结果等）化为一类，实现了医院内部各核心业务系统的数据交互，突破数据孤岛，实现数据共享，为实时访问来自各种核心业务系统的数据以及临床患者信息的采集、分析提供数据。

三、临床数据仓库的建设

（一）建设内容

（1）以临床数据仓库（CDR）为核心的数据中心平台。采集现有核心业务系统的所有数据，参照临床数据仓库（CDR）数据中心数据类型进行梳理、存储和重构，供所有核心业务系统做数据分析利用。

（2）服务总线（ESB）服务。建设 ESB 公共服务，支持所有核心业务系统的接口数据交换。

（3）患者主索引服务（EMPI）。由于患者可能在各核心业务系统都单独注册过，以致诊疗信息无法关联。建立患者唯一身份标识，跟其各核心业务系统进行关联，做到一次登录，终身可用。

（4）单点登录，统一用户管理。提供用户管理，各核心业务系统调用，用户只要记住一套用户名／密码，就可以登录所有核心业务系统。

（5）统一人员管理：统一读取人事系统职工信息，支持职工查询、发送即时消息等功能，实现 OA 系统联动，在线会诊等协同医疗业务、管理业务。

（二）系统架构

临床数据仓库是将各核心业务系统间的所有数据采集过来，按临床数据仓库的数据类型进行存储，再对数据进行清洗、整合、分析，再提供相关数据接口服务，让各核心业务系统读取其所需的数据，有必要的可以进行数据交互，保障各核心业务系统的有效运行。

（三）各核心业务系统数据的整合

（1）临床数据仓库立足于已有的各核心业务信息系统，采用数据汇集（data aggregation）技术，将各核心业务信息系统中的所有数据采集出来，实现了集中存储；再通过对数据的标准化处理，使之成为可重复使用的数据元，可根据不同查询条件按各核心业务系统的要求组合成各种各样的视图，以提供各核心业务系统使用；将各核心业务系统数据标准化，实现持续的质量改进和创新。同时，通过临床数据仓库平台实现数据共享，可大幅提高医院整体信息化水平，实现医院信息化建设的跨越式发展。临床数据仓库在技术上有以下特点和优势：

①实现了信息化架构的标准化，所有核心业务系统将采集的数据集中存储在临床数据仓库，降低了各核心业务系统的升级、故障和替换对其他系统和整体业务的影响，从根本上优化了医院的信息化架构。

②将所有临床、行政管理、质控和科研数据都采集到临床数据仓库，经过对原始数据的标准化处理，重新按各核心业务系统所需提供数据。

③提供用户管理的数据查询、过滤和展现工具，可自定义查询条件、自定义查询结果，响应不断变化的临床数据要求。

④通过临床数据仓库建设，逐步形成数据标准化与规范化，包括数据共享接口规范化、临床数据集规范化、科研数据集规范化、管理运营数据集规范化、数据获取规范化、数据对外发布规范化等，使未来引进和建设新的业务系统可以互联。

⑤临床数据仓库具有高度的可扩展性，支撑各核心业务系统向区域延伸，实现与各级各类区域卫生信息服务平台的接口整合和数据共享。

（2）临床数据仓库是一个整合多个来源的临床数据库，以及提供以患者为中心的统一视图的实时数据库。在临床数据仓库的构建中，诊疗数据均围绕"以患者为中心"进行组织，临床用户可以从多个角度查询、浏览和分析数据，其中的诊疗数据包括患者基本信息、历次就诊病史、门（急）诊和住院诊断、处方信息、检验结果、放射、超声、病理、内镜检查报告、医学影像、费用信息等。为提高 CDR 的数据质量，通过受控医学词汇表（CMV）保证所有人对临床数据语义理解的一致。

在临床数据仓库上，参照原卫生部制定的医院数据集标准以及国际通用的行业技术标准（如 HL7 3.0 RIM 模型），以临床数据仓库的方式实现对数据的采集、处理、存储、建模和利用；在此基础上可按需构建专题临床数据库（CDW），服务于医院的诊疗、质控、科研和管理工作。临床数据仓库建设的最直接成果就是构建以患者个人为中心、整合门诊、急诊和住院全部诊疗数据的 360° 全息视图，以快速提供临床医护人员所需要的全部病人信息。

（3）医疗管理、综合查询做成 Web 访问应用程序，管理人员、临床医生都可以通过内外网进行特定权限查询与访问相关资源。用户可以通过单一形式验证登录后，在浏览器上实时查询相关数据。

四、临床各业务系统流程整合

原有各核心业务系统之间的互联都是点对点，通过视图、存储过程、中间表、服务调用等方式进行互动，运维复杂，数据重复提取。为了解决这些问题，建立松耦合（SOA）服务，使各核心业务系统可以根据环境的变化，快速实施业务的变更。通过流程整合平台的建设，规范新建系统的接入标准，松耦合基础平台可减少视图、存储过程、中间表、服务调用等方式接口带来的运维复杂度和成本，提升各核心业务系统的可交互性、安全性。

在 SOA 架构的基础上，利用 SOA 所提供的面向服务的特性，把原有核心业务系统中的应用和资源转变为可共享的标准化服务，再通过对服务的调用来完成核心业务系统之间数据交互与业务协同，规范医院各核心业务系统的医疗服务标准化。

第四节　加强基础建设，推进人工智能和健康医疗大数据应用

一、加强医学信息化的几个措施

（一）提升系统运行效率

医学信息化技术的发展，需要切实优化医院的业务流程，从而保证实际工作效率的有效提升。实际工作中，可以引入电子病历机制，为医院信息化加入新颖的质量控制模式。电子病历系统的外延发展，可以衍生出如医疗质量控制体系等各种医学信息系统，可以对病案进行实时检查、相互沟通、质量分析等诸多功能。医院质控部门可运用该体系，随时对医院中的每个病人的病历、用药等各项数据资料进行检查，切实

保证质量控制工作的实时严谨。

在医院标本的检验工作中，运用条形码对各类标本进行全程的监控工作，保证检验结果的准确性。对手工程序的化验申请单据，医生在开出申请之后，需要用电脑将条形码打印在单据上。检验仪器通过扫描条形码来进行识别及检验工作，并将检验结果上传到系统终端数据库，运用系统中的数据进行高效的分析研究工作，从而切实保证工作效率，并降低人工操作中的失误率。

（二）构建信息数据平台

为有效提升数据的使用效率，保证报表的生成速度以及实现医院间的数据有效交流的目的，需要建立合理高效的信息数据平台。当前，HIS 系统应用范围广泛，其本身存在的规范性缺失、操作模式差异化等缺点无法在短时期内消除，从而造成各医院、各部门之间数据交流沟通工作的障碍。

HL7 是标准的卫生信息传输协议，是在电子传输的基础上实现医学数据的交流。HL7 主要应用于对 HIS/RIS 体系进行规范和通信工作，其范围涉及病人信息、化验系统等多个部分。HL7 在使用进程中，主要包括构造、解析和消息传播三个方面。在消息传播方面，HL7 没有针对底层的具体传输协议，因此，各种传输协议和环境 HL7 都支持。HL7 运用消息传播的方法连接不同的组成模块。各种程序需要根据 HL7 所规范的语法进行转换，形成统一的 HL7 标准信息；依据具体的网络协议，通过 IP/TCP 等协议将数据发送到另一端。接收方在接收到信息后，回传应答信息，同时对接收到的信息数据进行检验，而后发送到相关程序，将数据从 HL7 标准信息转换成该程序内通用的数据语句。运用 HL7 可以合理实现各系统间数据传输沟通工作，保证数据的利用效率，进而推动医学信息化的发展。

（三）提高信息系统决策作用

医院信息系统中的决策功能在医院管理方面起着重要的促进作用。在医院管理工作中，需要切实应用 HIS，及时进行医院计算机网络数据收集管理工作，保证数字信息化技术在现代医学中的合理应用。各部门需要利用 HIS 信息系统切实做好职责范围内的管理工作。系统中设立具体的管理模块，如院长查询机制，其主要负责对医院各部门的数据进行汇总分类，从而生成各项指标数据的统计报表。医院领导层人员可以运用该机制进行高效的查询工作，切实掌控医院运营实际情况，进而构建最优的经营框架。

同时，需要注意的是，信息化工作的管理需要很强的专业性和应对复杂业务流程的能力，基于此原因，信息系统的管理人员需要具备较高的综合性、专业性素质。大数据时代下，医院信息化的发展建设需要兼具信息技术和医学知识以及医院管理能力的综合型人才。针对这一现实，医院应该从多渠道进行人才的引进并加强人才培养工作，在工作中通过各种方式充分调动信息工作人员的积极性，保证医学信息化切实高效地发展。

二、医学数据的积累和分析

人工智能在医学领域的探索可谓五花八门，但最终应用到临床却微乎其微。主要原因之一是人工智能系统在复杂的临床应用中，不能准确收集到高质量可应用的数据即有效数据，所得出的结论缺乏可靠性，难以保持测试数据集上的高准确率；其次是临床医学数据的收集和预处理不够完善，未将医生的工作流程纳入考虑范围。医生对于疾病的诊断，很重要的一点是依靠科学的思维和临床经验。医生的思维模式难以复制，而医生基于临床诊断做出的处理决定，是融合了科学基础和人文关怀的综合考量。

但作为医生的有力助手，人工智能结合医学影像具有诸多优势，患者、放射科医师、医院均能从其应用中受益。人工智能不仅能帮助患者更快速地完成健康检查（包括 X 射线、超声、磁共振成像等），同时也可以帮助影像医生提升读片效率，降低误诊概率，并通过提示可能的副作用来辅助诊断。随着人工智能和医学影像大数据在医学影像领域的普及和应用，医学影像所面临的诊断准确性和医生缺口等问题便可迎刃而解，两者的融合将成为医学影像发展的重要方向。

医生作为一个特殊群体，接受过极长时间的专业医学训练，不断汲取最新学术成果，经历过患者生死反馈，最终形成自己的诊疗体系。然而，医生始终无法超越人的"主观性"局限。由于不同医生所见病例数量不同、理解能力不一、操作水平不定，其诊疗效果也各不相同。仅从此层面出发，人工智能具有明显优势，比如可快速处理海量数据，具备较完善的推理能力，避免了人类主观预判，故使用人工智能来辅助医生，是一件利大于弊的事情。

但这并不代表医生这个职业会消失，因为让人工智能学习的病例仍需医生来发掘。医学的现象和问题千变万化，任何信息的微小变化均会引起复杂决策系统的波动，使医生产生截然不同的判断。尤其与人文相结合后，医学不再是一个简单的科学问题，很难仅用人工智能的判断体系去处理。归根结底，医学是科学和人文学的交叉学科；医学是在诊疗过程中，对患者的体征、现象、发生的事件进行思考和总结的学科；医学以人为本，一切从人性出发，强调在医疗过程中对人的关心、关怀和尊重。这一特征决定了人工智能在未来很长时间内，无法像医生一样运用自身的专业知识和经验，去解决纷繁复杂的患者状况。

健康医疗大数据是采集了现在核心业务系统的所有医疗行为记录的数据，具有海量性、多态性、微观性、隐私性、全面性等。人工智能是通过健康医疗数据中的案例搜索路线，即新兴的大数据路线，从数据搜索和解析中寻求答案。这实际上是在追寻案例对象和案例记录人的思路。利用现有案例资料，为待解决的临床问题划定一个又一个的假定边界，再整合为对问题的合围态势。而实际上，患者疾病是一个自主过程，既有案例是另外一个自主过程，人工智能的研发变成了如何去拟合这两个自主过程。一条是思维仿真路线，继发于原生的数学模拟路线，但不再使用数学公式作为主要算法，而是建立语义描述模型。医生头脑中都有一个知识框架，源于经验传承、标准规范等，由个人进行重建。如果换成电脑，则知识框架与人脑相仿，框架按思维的语义网络模型建构，大范围整合成语义的系统性关联，使其能够围绕任何医疗对象、追随医生完成临床过程。人工智能的思维仿真，既能形成一条追随医生思路的自主路线，又能在追随中形成一条语义描述病患的自主过程。而医学信息化的数据正是人工智能与健康医疗大数据的基础数据。

第七章　智慧城市大数据与人工智能

第一节　智慧城市大数据人工智能应用

一、智慧城市大数据结构化体系

构建智慧城市大数据结构化体系是人工智能神经网络应用的基础。要建设智慧城市大数据系统化、结构化、标准化体系，必须从信息与数据之间的关系着手，必须了解智慧城市信息系统集成与大数据共享交换的设计方法。我们在智慧城市信息平台与数据库构造时采用面向对象设计方法该设计方法就是直接面对需求域中的客观对象来进行信息系统和数据库的建模。它既提供了从一般到特殊的演绎方法（如"继承"等），又提供了从特殊到一般的归纳形式（如"类"等），其中包括面向对象的分析、面向对象的设计、面向对象的实现及面向对象的测试和维护等。

面向对象的分析强调针对需求域中客观存在的事物构造分析模型中的对象（元数据），用对象的属性和行为分别描述事物静态和动态特征及行为，强调属性和行为与客观事物的一致性；用"类"（数据类）来描述具有相同属性和行为的对象组合；用对象的结构描述客观事物的分类和组合特征；用消息连接、实例连接表示事物之间的动态和静态的联系。无论是问题域中的单个事物，还是各个事物之间的关系，分析模型都能够保留它们的原貌，没有加以转换，也没有打破原来的界限而重新组合，因而，面向对象的分析模型能够很好地映射需求域的要求。

（一）智慧城市大数据总体架构

我们在智慧城市大数据结构化体系的基础上，必须进一步建立适合人工智能深度学习的系统化、结构化、标准化的大数据总体架构。从目前情况和条件来看，要从基于对象的元数据通过清洗抽取为数据类的系统化、结构化、标准化过程，应用人工智能的方法来实现几乎不可能。根据在智慧城市大数据挖掘、分析和可视化的实践和经验（在"数字东胜"项目中就采用商业智能 BI 的方式来解决数据标准化的问题），提出了建设智慧城市信息与数据"可视化集成平台"的方式。通过"可视化集成平台"既可以实现智慧城市各行业级二级平台的系统集成，同时又解决了行业主题数据库、基础数据库系统化、结构化、标准化的转换问题，进而为智慧城市大数据人工智能深度学习创造了条件。该"可视化集成平台"的模式可以满足任何一个智慧城市大数据人工智能应用的需求。

　　智慧城市大数据总体架构可以理解为由智慧城市大数据、可视化大数据、网络开源大数据三部分组成。

（二）智慧城市大数据库

　　智慧城市大数据库由行业业务应用数据库、行业管理主题数据库与共享交换基础数据库组成。智慧城市共享交换基础数据库分别由人口基础数据库、法人基础数据库、宏观经济基础数据库、地理信息基础数据库、智慧政务基础数据库、智慧民生基础数据库、智慧治理基础数据库以及智慧企业经济基础数据库八大基础数据库组成。

　　智慧城市行业级主题数据库分别由政务、城管、应急、安全、交通、节能、设施、市民卡、民生、社区、卫生、教育、房产、金融、文体、旅游、建筑、住宅、商务、物流、企业等各行业数据库组成。根据智慧城市行业数据集分类编码规范和要求，由智慧城市基础数据库和各行业主题库根据各行业管理、服务、运行的业务需求，组成各行业主题数据库的业务元数据（类），业务元数据是对应用数据库中的元数据（对象），即具有共同特征的一组对象进行组合和封装。

（三）智慧城市可视化大数据库

　　可视化大数据库由可视化目标数据库、可视化要素数据库与可视化数据集库组成。

　　1. 可视化目标数据库

　　根据各级领导所关注的城市运行决策、态势、需求预测数据和信息，以及领导桌面大数据可视化分析展现的要求，确定智慧城市可视化目标数据。智慧城市可视化目标数据通常可由综合态势、监测预警、突发事件、城市治理、要素监测、民生民意、企业经济、社会动态等数据与信息组成。目标数据通过人工智能卷积神经网络从要素数据中提取相互关联和权值高的特征值，并满足智慧城市决策和预测的目标特征数据。

　　2. 可视化要素数据库

　　根据智慧城市综合治理与公共服务所关注的数据与信息的需求，将目标数据分解为各自目标数据构成的要素二级子项数据。通常智慧城市要素数据由支撑各自要素数据所关联的数据集构成。要素数据通过人工智能卷积神经网络从数据集中提取相互关联和权值高的特征值，并满足智慧城市综合治理和公共服务的要素特征数据。

　　3. 可视化数据集数据库

　　根据智慧城市综合治理与公共服务所关注的要素数据，将其分解为各要素数据相关联的三级次项数据集数据。通常智慧城市数据集数据由八大基础数据库和各行业主题数据库中的业务元数据组成。数据集数据通过人工智能卷积神经网络从业务元数据类中提取相互关联和权值高的特征值，并满足智慧城市综合治理和公共服务的数据集特征数据。

（四）智慧城市开源大数据库

智慧城市网络开源数据库由 Web 数据库与核心数据库组成，由智慧城市各行业二级平台 Web 页面集成。形成的 Web 页面数据采集（抓取）的统一性和标准化，打通了智慧城市各领域、各行业、各业务、各应用的信息平台、业务系统和应用页面，为不同行业、不同场景所需要的核心数据与信息，提供了实时及历史数据采集与可视化大数据库应用分析展现。

二、智慧城市大数据人工智能应用

智慧城市大数据的表示及其特征项的选取是大数据挖掘、信息检索、人工智能的基本问题，它把从大数据中抽取出的特征项进行量化来表示大数据信息，将它们从无结构的原始海量数据转化为结构化的计算机可以识别处理的信息，即对大数据进行科学的抽象，建立它的数学模型，用以描述和代替大数据，使计算机能够通过对这种模型的计算和操作来实现对大数据的识别和人工智能的应用。通常由于大数据是非结构化体系和非标准化的数据，要想从海量的数据中挖掘有用的信息，就必须首先将大数据转化为可处理的结构化形式。目前人们通常采用向量空间模型来描述大数据向量，但是如果直接用数据算法和数据统计方法得到的特征项来表示大数据向量中的各个维度，那么这个向量的维度将是非常巨大。这种未经处理的大数据向量不仅给后续工作带来巨大的计算开销，使整个信息处理过程的效率非常低下，而且会损害分类、聚类算法的精确性，从而使所得到的结果很难令人满意。因此，必须对大数据向量做进一步优化处理，在保证原大数据语义的基础上，找出对大数据特征类别最具代表性的大数据特征。为了解决这个问题，最有效的办法就是通过特征项选择来降低维度。

大数据特征项提取是一门交叉性学科，涉及数据挖掘、机器学习、模式识别、人工智能、统计学、计算机语言学、计算机网络技术、信息学等多个领域。大数据特征项提取就是从海量大数据中发现隐含知识和模式的方法和工具。它从数据挖掘发展而来，但与传统的数据挖掘又有许多不同。大数据挖掘的对象是海量、异构、分布的文档（Web）；数据内容是人类所使用的自然语言，缺乏计算机可理解的语义。传统数据挖掘所处理的数据是结构化的，而智慧城市大数据（Web）大都是半结构或无结构的。所以，智慧城市大数据挖掘面临的首要问题是如何在计算机中合理地表示大数据，使之既要包含足够的信息以反映大数据的特征，又不至于过于复杂使机器学习算法无法处理。在浩如烟海的互联网络信息中，80% 的信息是以大数据的形式存放的，基于 Web 的大数据挖掘是 Web 内容挖掘的一种重要形式。

目前有关大数据表示的研究主要集中于大数据表示模型的选择和特征项选择算法的选取上。用于表示大数据的基本单位通常称为大数据的特征值或特征项。特征项必须具备一定的特性：

①特征项要能够确实标识大数据内容；

②特征项具有将目标大数据与其他大数据相区分的能力；

③特征项的个数不能太多；

④特征项分离要比较容易实现。

第二节　新型智慧城市创新建设模式

传统智慧城市存在的先建信息孤岛再消除信息孤岛的建设方式，造成信息孤岛遍地、数据烟窗林立，建设周期长、建设成本高、系统集成和数据共享效果差，为此必须改变这种"少慢差费"重复建设的传统模式。按照中共中央、国务院印发的《粤港澳大湾区发展规划纲要》中关于"推进新型智慧城市群试点示范，探索建立统一标准，开放数据端口，建设互通的公共应用平台，建设全面覆盖、泛在互联的智能感知网络以及智慧城市时空信息云平台、空间信息服务平台等信息基础设施"的要求，提出以下新型智慧城市可持续发展"多快好省"创新建设模式的建议。

一、建设新型智慧城市一体化信息基础设施

新型智慧城市一体化信息基础设施建设，应遵循中央网信办关于新型智慧城市建设六大核心要素，通过"天地一张栅格网"构成一个"虚拟化的复杂巨系统"，实现网络资源、计算资源、存储资源、数据资源、信息资源、平台资源、软件资源、知识资源、专家资源等的全面共享。新型智慧城市一体化信息基础设施是网络融合、信息互联、数据共享、业务协同，实现系统集成的基础设施的应用创新。

新型智慧城市一体化信息基础设施构建基于一张栅格网的"网络融合与安全中心"、一个数据体系的"大数据资源中心"、一个管理与运行的"运营管理中心"、一个通用功能的"信息共享一级平台"（简称"三中心一平台"），创新地将四者集成一体，通过互联网与专网的融合构成一个新型智慧城市"虚拟化的超级复杂巨系统"（或称"城市智慧大脑"），实现网络资源、计算资源、存储资源、数据资源、信息资源、平台资源、软件资源、知识资源、专家资源等的全面共享。新型智慧城市一体化信息基础设施（"三中心一平台"）具有以下功能：

（一）网络融合与安全中心

"网络融合与安全中心"实现电子政务外网、公共互联网（包括电信、移动、联通等运营商网络）、城市无线网、城市物联网（包括公安视频专网）之间的网络互联、传输信息及数据的互通，以及网络与信息的安全保障，构建"天地一张栅格网"。有效避免各大网络运营商独立建设各自的网络中心（机房），造成各个网络运营商之间无法通过网络中心实现互联和统一的安全管理。

（二）大数据资源中心

"大数据资源中心"建设以形成新型智慧城市大数据的"总和"为核心要素，将分散的、重复的、难以访问的操作数据转换成集中统一的、有价值的知识数据。"大数据资源中心"为不同来源的数据提供了一致的数据视图，将不同介质、不同组织方式的数据集成转换成一个一致的分析型数据环境。"大数据资源中心"是数据采集、存储、应用的一种组织形式，可分为四个级别：历史数据级（过程数据）、当前基本数据级（主题数据）、轻度综合级和高度综合级（大数据和知识数据），将各个级别数据库中获取的原始、过程、主题数据经过加工，即清理、抽取、归纳、关联、挖掘、分析成为知识级大数据。"大数据资源中心"是一种数据管理技术，智慧城市大数据涵盖政府管理、行政管理、民生服务、经济企业的各领域、各行业、各业务的数据集合，涉及城市常态和非常态（应急）下运行的基本数据，为"智慧城市管理与运行中心"提供信息与数据的展现、查询、调用与应用，为智慧城市各级行政主管部门领导在制定战略决策、编制行政文件和行业计划、进行资源分配等工作时提供信息与数据支撑。

（三）运营管理中心

建立一个高效的管理、指挥和运行中心，更好地对城市的市政设施、公共安全、生态环境、宏观经济、民生民意等状况有效掌握和管理，构建新型智慧城市统一的管理、指挥和运行中心，实现城市资源的汇聚共享和跨部门的协调联动，为城市高效精准管理和安全可靠运行提供支撑。通过可视化技术实现对智慧城市网络、数据、信息的集成与应用的展现、监控、管理、运营与服务的功能。通过"运营管理中心"可视化集成云平台集成已建、在建和未建的智慧城市行业业务信息系统，通过大屏幕实现智慧城市管理与运行统一的指挥和调度，展现智慧城市常态及非常态下管理与运行信息、基础设施运行监控信息、城市运行态势分析、大数据分析、公共服务 APP，以及城市监测数据、社会民生数据、重要资源监测数据、社会经济动态数据、突发公共事件、城市监控、重点项目管理、电子政务、公共服务等内容。

（四）信息共享一级平台

建设"信息共享一级平台"，以新型智慧城市各类信息资源的调度管理和服务化封装，支撑智慧城市管理与公共服务的智能化功能为核心要素。应用"智慧城市信息栅格技术"，构建新型智慧城市一体化信息共享平台。实现智慧城市涉及政府政务信息、城市管理信息、社会民生信息、企业经济信息，在各行业级平台、业务级三级平台和应用系统之间实现信息互联互通、数据共享交换、业务功能协同。为了消除"信息孤岛"和打通"信息壁垒"，在智慧城市范围内分别建立城市级、行业级、业务级三级平台的结构体系，实现城市级的网络互联、信息互通、数据共享、业务协同。智慧城市大数据结构体系分别由城市级大数据库、行业级主题数据库、业务级应用数据库三级数据库架构体系构成，实现过程数据、经验数据与知识数据的共享与交换。

二、集成已建业务信息系统

通过新型智慧城市"三中心一平台"一体化信息基础设施的建设，可以实现已建业务系统的集成。根据我们参与智慧城市建设的经验，通常市县一级都已建有政务服务（一站式服务）、数字城管、公共安全、交通管理、雪亮工程、社区服务等业务应用系统，通过"运营管理中心"可视化集成云平台可以实现上述已建系统的集成管理和综合业务应用。该智慧城市建设模式的特点是建设周期短、见效快、投资少。该模式已应用于内蒙古数字东胜、郑州郑东新区、郑州中牟县等。

三、进行大数据开发应用

在智慧城市已建系统集成的基础上，通过"大数据资源中心"和"可视化集成云平台"可以实现对已建业务信息系统的信息采集和数据的共享交换。该大数据开发应用模式，同样可以实现大数据应用见效快、应用效果好、投资少，增强对智慧城市大数据管理与应用的信心。

通过"三中心一平台"一体化信息基础设施建设，可以有效解决已建系统、在建系统和未建系统的应用系统集成和大数据共享交换。该"三中心一平台"可扩展、可迭代、可持续、可避免重复投资、可支撑新型智慧城市可持续的建设和发展。

四、创新"三租云服务"模式

我国新型智慧城市建设从 21 世纪初经历了数字城市和智慧城市的发展阶段，近年来始终无法避免"信息孤岛"和重复建设。数字城市和智慧城市建设中，其传统的建设模式也是造成智慧城市"信息孤岛"和重复建设的重要原因。目前智慧城市建设往往是先建各个独立孤岛式的业务系统（平台），再进行系统集成、数据共享交换、系统统一搬迁。由于各个厂家开发的业务系统在结构、技术、方法、数据分类编码等方面的不统一、不一致，加之没有统一的标准可依，必然导致事后再打通信息壁垒和避免重复建设的难上加难，甚至成了不可能完成的任务。根据我们建设新型智慧城市的经验，就是首先建"三中心一平台"信息基础设施，再将各个已建、在建、未建的业务系统（平台）统一部署和综合集成在"三中心一平台"上。"三中心一平台"实质上完成了统一系统集成标准化的工作。

基于"三中心一平台"，以"共享经济服务云平台"的方式为新型智慧城市提供大数据存储共享租用服务、行业级平台共享租用服务、大数据开发和人工智能应用共享租用服务，简称"三租云服务"。"三租云服务"的以租代买（政府租用 3 ~ 5 年，期满后，所租用行业级平台归政府所有）、以租代服务，成为新型智慧城市的共享经济服务的创新建设模式，该创新建设模式具有以下优势：

（一）大大节省智慧城市建设成本

由于基于"三中心一平台"采用"云服务"的共享方式，各个城市只需要建设本地化的智慧城市"运营管理中心"，而网络融合与安全中心、大数据资源中心及各行业级平台均可以采用"共享租用服务"或被称为"购买服务"的方式。该智慧城市创新优化建设模式可以节省 70% 的建设费用。

（二）大大缩短智慧城市建设周期

传统智慧城市建设是一期一期地建设行业级平台，再进行系统集成和数据共享交换，通常最快见到成效也需要 3 年。而采用"云服务"共享和"三租云服务"的模式，只需建设本地化的智慧城市"运营管理中心"，而无须建设网络融合与安全中心、大数据资源中心及各行业级平台，因此在 1 年内就可以见到智慧城市建设的实效。

（三）实现智慧城市系统集成和大数据开发与人工智能应用

由于基于"三中心一平台"采用"云服务"的共享方式，智慧城市各行业级平台采用统一部署和系统集成，已经实现了网络融合、信息交互、数据共享与业务协同。在智慧城市各行业级平台的系统集成基础上，通过智慧城市大数据的采集、清洗、挖掘与开发，进一步应用人工智能深度学习与神经网络为社会和城市综合治理提供精细化的知识数据和准确的决策与预测信息。

（四）促进智慧城市、大数据、人工智能深度融合应用

智慧城市、大数据、人工智能"三位一体"，可促进三者在社会治理、民生保障、政务服务与企业经济等领域的深度融合应用。"三中心一平台"的"云服务"共享机制的核心，就是将智慧城市、大数据、人工智能等物理的、逻辑的、虚拟的资源整合在一个大平台、大数据、大网络、大系统的软硬件应用环境中。智慧城市既是产生海量数据的源泉，又是大数据和人工智能应用的实际场景。"三中心一平台"将有力支撑智慧城市、大数据、人工智能在各个领域的深度融合应用。

（五）为企业提供"共享经济"云服务

由于基于"三中心一平台"采用"三租云服务"的共享方式，可以为智慧城市各行各业企业提供"共享经济"云服务。包括各类企业"ERP云平台"共享服务、智慧园区"综合管理云平台"共享服务、物流企业"智慧物流云平台"共享服务、商贸服务企业"智慧商务云平台"共享服务、旅游企业"智慧旅游云平台"共享服务、制造业企业"智能制造云平台"共享服务、化工企业"智慧环保云平台"共享服务、金融企业"智慧金融云平台"共享服务、教育单位"智慧教育云平台"共享服务、健康养老服务企业"智慧健康养老云平台"共享服务等等。为企业提供共享经济"三租云服务"是实现社会资源合理配置，落实国家关于社会公共服务与共享经济的创新应用模式。

（六）实现本地化智慧城市运营管理

通过本地化智慧城市"运营管理中心"可视化集成云平台，采用线上"云服务"，线下"三租云服务"的"虚拟机"搭建Web服务器的方法，可以根据本地智慧城市对"租用服务"的各行业级平台的功能、运行、操控、设置、修改、管理等的需求，通过可视化集成云平台"四界面"的数据、信息、页面、服务等系统化、结构化、标准化的应用封装和跨平台及跨业务的调用，更好地实现智慧城市的综合态势、应急管理、公共安全、公共交通、市政设施、生态环境、宏观经济、民生民意等状况的有效掌握和管理，实现城市资源的汇聚共享和跨部门的协调联动。根据本地智慧城市的业务协同和事件决策的需求，展现所需的可视化应用场景，为智慧城市高效精准管理和安全可靠运行提供支撑。

第三节　粤桂新型智慧城市"城市智慧大脑"功能

粤桂新型智慧城市"运营管理中心"是实现"城市智慧大脑"功能的信息基础设施。其以新型智慧城市"六个一"核心要素中关于建立一个高效的新型智慧城市"运营管理中心"目标和要求为总体建设原则。为更好地对城市的市政设施、公共安全、生态环境、宏观经济、民生民意等状况进行有效掌握和管理，需要构建新型智慧城市统一的运行中心，实现城市资源汇聚共享和跨部门的协调联动，为城市高效精准管理和安全可靠运行提供支撑的目标和要求。以新型智慧城市综合资源的汇聚共享和跨部门的协调联动，以及高效精准管理与安全可靠运行为核心要素，实现新型智慧城市大网络、大数据、大平台的集成与应用的分析、展示、监控、管理、运营及服务的功能。新型智慧城市"运营管理中心"与新型智慧城市"网络融合与安全中心"、新型智慧城市"大数据资源中心"实现网络互联、信息互通、数据共享与业务协同，实现信息资源共享和新型智慧城市运营与管理的指挥和调度。通过新型智慧城市"运营管理中心"可以全面掌握新型智慧城市、各区县、各智慧园区、各智慧社区以及网格化的城市基础设施、服务站点、管理与执法人员、运行态势、事件处理信息、绩效评价信息等内容。

一、粤桂新型智慧城市"城市智慧大脑"总体功能

通过粤桂新型智慧城市运营管理中心"城市智慧大脑"大屏幕可视化直观显示各级（地市、区县）新型智慧城市管理与运行的关键要素和重点目标的信息及数据、运行状况、监测数据和控制等的实时状态，可以让各级新型智慧城市主管领导全面直观地掌握城市管理与运行的实际状况。

粤桂新型智慧城市"城市智慧大脑"具有大数据应用、大屏幕显示、工作座席操控、APP 应用、综合通信调度和综合信息集成的功能，支持日常情况下和非常态应急情况下的管理与运行指挥调度，并通过大屏幕可视化实时显示管理与运行所涉及的要素信息，如基础设施、突发应急事件、公共安全、公共交通、社会民生、企业经济，以及海绵城市、市政地下综合管廊、智慧大城管等的实时运行状况、监测和控制的状态、信息和数据的可视化分析展现等。

二、粤桂新型智慧城市"城市智慧大脑"分项功能

"城市智慧大脑"应具有以下分项功能：

（一）新闻栏目

显示本地区新闻及国内、国际新闻内容。本地区新闻来源于本地区新闻办，国内、国际新闻可以通过系统管理员从后台添加。

（二）重大活动

重大活动栏目以图片或新闻列表的方式显示最新重大活动内容动态。该栏目为非固定栏目，栏目内容可由管理员在后台进行管理。

（三）综合态势分析

在实景 GIS 地图上对本地区各种资源的分布、人口、经济情况的目标数据和要素数据，生态环境、公共安全、道路交通、基础设施、民生民意、企业经济的综合态势进行分析展现。双击"综合态势"图形菜单，选择智慧城市"综合态势"各专项"二级菜单"，即可选择相关信息页和视频监控图像，以及关联大数据分析等操作界面。

（四）大数据分析展现

对智慧城市重点目标和核心要素进行大数据分析等。通过深度挖掘、智能分析和人工智能应用进行多视角、多维度的在线关联大数据分析，利用趋势图、关系图、对

比图、结构图等形式全面真实地反映重点目标数据和核心要素数据的变化趋势，为政府及各相关部门领导提供宝贵的预测和决策依据。

智慧城市大数据可视化分析展现分别由综合态势、监测预警、突发事件、民生民意、城市治理、要素监测、企业经济重点目标数据构成，分析展现重点目标数据的比较、分析、统计可视化图表。通过智慧城市可视化大数据"一级界面"可以链接到本级智慧城市各核心要素数据及元数据集的比较、分析、统计等分析展现的"二级界面"。

（五）综合监测预警

对智慧城市重点目标和核心要素可能出现的变化和趋势做一个警示性信息分析展现，为可能发生的事情、事件、事态做好准备，以赢得时间和条件。预警级别划分为5个级别，分别称为一级预警、二级预警、三级预警、四级预警和五级预警，并依次用红色、橙色、黄色、蓝色和绿色来加以表示。

①一级预警：突发事件、自然灾害、火灾报警、安全生产事故、恐怖威胁等。

②二级预警：交通事故、治安报警、刑事案件、群体事件、有害液气体泄漏、市政事故等。

③三级预警：聚众斗殴、停水停电、食药品安全、人口遗失、环境污染、传染病等。

④四级预警：交通阻塞、社区纠纷、医患纠纷、无照经营、入户盗窃等。

⑤五级预警：市容市貌、垃圾堆放、违章停车、建筑扬尘、乱贴（发放）广告、施工噪声、渣土车违章、空气质量超标等。

（六）突发事件应急指挥

突发事件展现包括以下内容：

①自然灾害：地震、地质灾害、台风、洪涝、污染、次生灾害等。

②安全生产：特大事故、重大事故、较大事故、一般事故、火灾事故、交通事故、生产事故等。

③社会治安：扰乱社会治安案件、严重犯罪案件、重大活动安全事件、妨碍公务案件、社会治安评价等。

④公共卫生：霍乱、冠状病毒肺炎、病毒肝炎、痢疾、艾滋病、狂犬病、炭疽、流行性脑炎、登革热、流行性传染病等。

⑤市政设施：停水停电停气事故、供电事故、通信网络事故、燃气事故、供热事故、环境环保事故、重点防灾事故等。

应急指挥包括：应急值守、应急处置、应急预案、专家评估、物质保障、应急联动等。

（七）社会治理监控

显示来自社会舆情、人口统计、社区管理、社区动态、绩效评估等信息的互联和视频监控图像。点击"社会治理"图形菜单选择社会治理各专项"二级菜单"，即可展现各相关信息页和视频监控图像，以及关联大数据分析等操作界面。

①社会舆情：舆情监控、舆情分析、民意评估、民众投诉、民众建言、政民关系、警民关系等。

②人口统计：常住人口、流动人口、就业人口、失业人口、入学人口、出生人口、死亡人口等。

③社区管理：社区政务管理、社区民政管理、物业及设施管理、房屋住户信息、流动人口信息、社区纠纷调解等。

④社区动态：党群关系、社区活动、社区自助组织、社区义工、网上投诉、网上评议等。

⑤工作绩效：考核任务、创新建议、群众评议、服务满意度、业务投诉等。

（八）城市治理监控

显示来自智慧大城管、智慧安全、智慧应急、智慧交通、智慧环境、智慧市政、智慧社区等各行业级二级平台的信息互联和视频监控图像。点击"城市治理"图形菜单，选择城市治理各行业级二级平台"二级菜单"，即可展现相关信息页和视频监控图像，以及关联大数据分析等信息。

①智慧大城管：事件受理、部门协同、调度指挥、事件结案、综合联动、评价监督、绩效考核等。

②智慧安全：治安管理、视频联网、娱乐场所监控、酒店管理、安全事件、治安报警、火灾报警等。

③智慧应急：事件报送、事件统计、指挥调度、风险监测、次生灾害、应急保障、培训演练等。

④智慧交通：交通监控、交通事故、公交车、出租车、网约车、交通违法、地铁运行、交通状态指数等。

⑤智慧环境：排污监控、能耗监控、空气质量监测、水质监测、土壤监测、绿色建筑、绿色工厂等。

⑥智慧市政：市政设施运营综合监控、地下管网监控、水电气基础设施监控、水务管理等。

⑦智慧社区：政务管理、民政管理、政务服务、信息公开、公共服务、商业服务、物业服务等。

（九）企业经济动态

①生产总值以数据分析图表显示季度内的生产总值，包括第一产业、第二产业、第三产业的产值。

②生产总值走势图，使用走势图显示近几年的生产总值变化趋势。

③经济指标目录以数据分析图表显示经济指标的目录，点击每个指标可以进入二级页面查看详细的分析结果。

经济指标目录包括地区生产总值分析、商业销售分析、企业经济效益、主要工业产品产量、工程进展情况、固定资产投资、房地产开发、商业、物价、社会治安、财政、人民生活、劳动工资、主要经济指标对比、经济指标变动情况分析等。

④生产总值及排名，以数据分析图表显示所辖地区的生产总值及排名情况。

（十）重点项目监控

重点项目栏目在首页显示本地区的重点项目信息，包括项目名称、开展进度、负责人、实施单位、存在的问题及解决办法等。点击此栏目名称，可进入重点项目二级页面。

（十一）业务平台连接

以地理空间信息 GIS 图层连接方式提供连接集成到所有新型智慧城市行业级二级平台，包括智慧大城管、智慧环境、智慧安全、智慧交通、智慧应急、智慧设施、智慧市民卡、智慧社区、智慧医疗、智慧教育等。

（十二）协同办公系统

以菜单导航方式连接智慧政务"互联网＋政务服务"平台，展现办公自动化、公文管理、绩效考核管理等办公业务系统。

三、粤桂新型智慧城市"城市智慧大脑"可视化展现

粤桂新型智慧城市"可视化集成平台"是"城市智慧大脑"的智慧核心，是运营管理中心建设的主要内容。其内容包括政府政务及综合行业各信息平台及应用系统的集成，达成新型智慧城市各行各业的"技术融合、业务融合、数据融合，跨层级、跨地域、跨系统、跨部门、跨业务的信息互联互通、数据共享交换、业务协同联动"，实现智慧城市综合信息与大数据的可视化分析展现；运营管理中心所关注的重点目标和核心要素的位置、状态、数据、关联、分析等的可视化分析展现；以及智慧城市综合态势变化的预测与评估等。

粤桂新型智慧城市"可视化集成平台"可视化大场景展现新型智慧城市的多目标、多要素、多事项、多种类的常态和非常态数据的位置信息、状态信息、关联信息及分析信息等；提供智慧政务、智慧民生、智慧治理、智慧经济（企业）各行业级二级平台的 Web 超链接页面的信息展现、信息集成、数据分析、业务应用，以及监控系统的设置、控制、操作等功能，提高政务服务协同办公的能力。通过大数据各行业各业务的综合分析模型，预测事件、事态的演变趋势，评估预测可实施的措施与办法，辅助

领导智慧决策。

通过新型智慧城市大数据资源中心的数据共享，将涉及新型智慧城市管理与运行相关联的数据，根据常态和非常态下对数据调用和展示的要求，显示在各级（省、地市、区县）可视化用户界面（UI）和GIS+BIM图层上。

新型智慧城市"城市智慧大脑"具有显示大屏幕及工作座席管控功能。通过大屏幕展示和各行业级平台及业务系统的工作座席对智慧城市管理与运行进行统一的指挥与调度，以及对各行业级平台及业务系统的运行监控、系统管理、操作控制与参数设置。展现智慧城市常态及非常态下管理与运行信息、基础设施运行监控信息，重点关注目标数据和要素数据、社会民生服务信息等。

新型智慧城市"城市智慧大脑"具有实时集成综合通信的能力。通过有线通信系统、无线通信系统、卫星通信系统、多媒体通信系统等系统集成，实现将语音、数据、视频、图形、邮件、短信、传真等各种通信方式整合为一个"单一"的通信功能的应用。

新型智慧城市"城市智慧大脑"具有指挥调度集成的能力。采用Web技术，以B/S和C/S相结合的计算机结构模式，远程用户可以通过互联网访问信息系统集成，以浏览器方式显示、控制、查询、下载、打印信息集成系统相关的信息、影像与数据等。

参考文献

[1] 邵燕，陈守森，贾春朴，等.探究大数据时代的数据挖掘技术及应用 [J].信息与电脑，2016(10)：118-119.

[2] 王珺.大数据时代数据挖掘技术在高校思想政治工作中的应用研究 [J].媒体时代，2015(8)：182.

[3] 肖赋，范成，王盛卫，等.基于数据挖掘技术的建筑系统性能诊断和优化 [J].化工学报，2014，65(2)：181-187.

[4] 熊淑云，高俊.分布式计算机网络结构分析与优化 [J].现代工业经济和信息化，2016(22)：75-76.

[5] 赵勇，林辉，沈寓实.大数据革命 [M].北京：电子工业出版社，2014.

[6] 林巍，王祥兵.大数据金融：机遇、挑战和策略 [J].财经学习，2016(02)：140-142.

[7] 熊怡."大数据"时代的人力资源管理创新 [J].中国电力教育，2014(6)：24-27.

[8] 唐魁玉.大数据时代人力资源管理的变革 [J].中国人力资源社会保障，2014(3)：57-58.

[9] 李稚楹，杨武，谢治军.PageRank 算法研究综述 [J].计算机科学，2011(s1)：185-188.

[10] 钱功伟.基于网页链接和内容分析的改进 PageRank 算法 [J].计算机工程与应用，2007，43(21)：160-164.

[11] 余永红，向晓军，高阳，等.面向服务的云数据挖掘引擎的研究 [J].计算机科学与探索，2012，6(1)：46-57.

[12] 张英朝，邓苏，张维明，等.智能数据挖掘引擎的设计与实现 [J].计算机科学，2002，29(10)：11-13.

[13] 姚全珠，张杰.基于数据挖掘的搜索引擎技术 [J].计算机应用研究，2006，23(11)：29-30.

[14] 陈勇，张佳骥，吴立德，等.基于数据挖掘的面向话题搜索引擎研究 [J].无线电通信技术，2011，37(5)：38-40.

[15] 孟海东，宋宇辰. 大数据挖掘技术与应用 [M]. 北京：冶金工业出版社，2014.

[16] 玄文启. 一种大数据挖掘技术：Apriori 算法分析 [J]. 中国科技信息，2015（22）：37-39.

[17] 唐雅璇，李丽娟，吴芬琳. 大数据时代的数据挖掘技术与应用 [J]. 电子技术与软件工程，2017（21）：169.

[18] 胡军，尹立群，李振，等. 基于大数据挖掘技术的输变电设备故障诊断方法 [J]. 高电压技术，2017（11）：224-231.

[19] 谢红. 大数据下的空间数据挖掘思考 [J]. 计算机光盘软件与应用，2014（9）：105.

[20] 丁霄寅，徐雯旭. 基于智能化的电力大数据挖掘技术框架分析 [J]. 山东工业技术，2017（12）：198.